冶金工业出版社

普通高等教育“十四五”规划教材

创新方法教程

郭 菁　李军丽　滕莹雪　编著

北 京
冶 金 工 业 出 版 社
2022

内 容 提 要

本书针对21世纪高等工程教育教改要求，以新工科背景下创新能力培养为主线，兼顾“学用结合”，内容不仅涵盖了创新思维与TRIZ技术创新方法，而且提供了与产业和经济发展实际结合的工程案例。主要内容包括：TRIZ创新理论、TRIZ中的创新思维方法、系统功能分析、组件分析、系统裁剪法、因果分析、资源分析的方法、矛盾与矛盾矩阵、物场分析法、技术系统进化规律。

本书可作为高等院校本科生和研究生开展创新教育、学习创新思维与技术创新方法的应用型教材，也可供科技工作者和工程技术人员参考。

图书在版编目(CIP)数据

创新方法教程/郭菁，李军丽，滕莹雪编著.—北京：冶金工业出版社，2022.5

普通高等教育“十四五”规划教材

ISBN 978-7-5024-9134-5

Ⅰ.①创… Ⅱ.①郭… ②李… ③滕… Ⅲ.①创造学—高等学校—教材 Ⅳ.①G305

中国版本图书馆CIP数据核字(2022)第064595号

创新方法教程

出版发行 冶金工业出版社　　电　话 (010)64027926
地　址 北京市东城区嵩祝院北巷39号　　邮　编 100009
网　址 www.mip1953.com　　电子信箱 service@mip1953.com

责任编辑 李培禄 卢 蕊 美术编辑 彭子赫 版式设计 孙跃红
责任校对 郑 娟 责任印制 李玉山

三河市双峰印刷装订有限公司印刷
2022年5月第1版，2022年5月第1次印刷
787mm×1092mm 1/16；8.75印张；1插页；213千字；128页

定价36.00元

投稿电话 (010)64027932 投稿信箱 tougao@cnmip.com.cn
营销中心电话 (010)64044283
冶金工业出版社天猫旗舰店 yjgycbs.tmall.com
(本书如有印装质量问题，本社营销中心负责退换)

前　言

党的十九大提出，要加快建设创新型国家，创新是引领发展的第一动力，是建设现代化经济体系的战略支撑。创新型经济需要创新型人才，成为创新型人才的首要任务就是培养创新思维与掌握创新方法。创新教育重在培育创新思维，创业教育重在提高实践能力。要在学生心里埋下创新的种子，让所有学生获得创新创业的基本能力。要将创新精神、创业意识和创新创业能力作为高校人才培养质量的重要指标。以创新创业教育为抓手，推进高等教育自身的改革，全面提高人才培养的质量，培养出更多引领未来的创新创业领袖。

本书是由辽宁科技大学创新创业团队教师根据多年教学研究、培训辅导和创新实践的经验编写而成的新工科背景下的创新方法教程，主要服务于材料、化工、冶金、机械、自动化等工科的创新与实操，具有鲜明的专业特色，是工科类高等学校和相关企业的首选创新思维培养教材。以新工科为背景，以高等学校应用型人才培养要求和创新设计方法为主线，将大学生创新创业的最新实践与案例引入其中，力求使读者在掌握创新思维、创新方法的理论基础上，能够体验创新的魅力，训练创新能力，培养创新素质，最终达到提高综合创新能力的目的。

全书共分10章，第1、3、4章由郭菁负责编写，第2、5~7章由李军丽负责编写，第8~10章由滕莹雪负责编写。在编写过程中，参考和引用了一些文献和资料中的有关内容及图片，并得到团队同事的支持和帮助，谨此致以深深的谢意。

由于编者水平有限，书中存在的疏漏或不足之处在所难免，敬请广大读者批评指正。

作　者

2022年3月

目　　录

1 TRIZ 创新理论

1.1 TRIZ 的起源与发展

1.1.1 TRIZ 的背景介绍

1946 年苏联以阿奇舒勒（Genrich S. Altshuller）为首的专家对数以百万计的发明专利进行研究。经过 50 多年的搜集整理、归纳提炼，发现技术系统的开发创新是有规律可循的，并在此基础上建立了一整套体系化、实用的解决发明创造问题的方法，这就是 TRIZ 理论。TRIZ 是俄文中发明问题解决理论的简写，其英文意思为：Theory of Invention Problem Solving。TRIZ 创新理论自成立以来就不断在完善，最开始是在苏联时期通过研究各种事物，从而总结出来的一种快捷简单的方法，苏联衰败之后，TRIZ 理论传入了美国等国家开始快速的发展。到了 20 世纪 90 年代开始传入我国，当时正是我们国家快速发展的时期。TRIZ 创新理论为中国带来了巨大的收益，通过创新发明，解决的问题越来越多，发明专利越来越多，人们越来越意识到创新的价值。图 1-1 为 TRIZ 创新理论创始人根里奇 · 阿奇舒勒。

图 1-1　TRIZ 创始人根里奇 · 阿奇舒勒

以前的 TRIZ 创新理论是通过查阅众多的资料来进行问题的分析和创新。通过庞大的资料库来进行专利的比对，筛选出其中可创新的物品。在很多世界级的大公司中已经开始利用 TRIZ 理论来进行创新了，TRIZ 理论所带来的不仅仅是收益，更重要的是一种新的理念模式，创新是可以复制的。在刚刚起步的年代，TRIZ 理论也只是在生产制造业中被应用，在如今 21 世纪的黄金时代，TRIZ 进军各大领域，生产管理、企业商务、制造生产、文化思想、政治等领域都有涉及。

1.1.2 TRIZ 的发展历史

TRIZ——发明问题解决理论，创始人是苏联的阿奇舒勒（也被称为 TRIZ 之父）。阿奇舒勒考虑到当时的社会环境、国家状况以及在工作中常常遇到的问题，因此坚持想发明创造出一种解决问题的理论，在遇到任何难题时都可以运用此理论快速地解决。于是在 1946 年，他和他的研究团队对从学术界收集的 250 万份高质量的发明专利进行研究分析，结合了多个领域的原理和法则，最终建立了 TRIZ 理论体系，同时也奠定了 TRIZ 理论的基础，这就是最初的 TRIZ 理论。1956 年，阿奇舒勒发表了有关 TRIZ 理论的论文。1970 年，阿奇舒勒建立了 TRIZ 理论学校。直到 1985 年，TRIZ 才开始在全球传播，在此之前 TRIZ 被限制在苏联内部，不允许外传。1989 年，阿奇舒勒创办了 TRIZ 国际协会，存在至今。1991 年，苏联解体，TRIZ 在全球快速传播。直至今日，TRIZ 理论的研究还在全球进行着。

1.1.3 TRIZ 的核心思想

阿奇舒勒发现，技术系统进化过程不是随机的，而是有客观规律可以遵循，这种规律在不同领域反复出现。TRIZ 的核心思想如下：

（1）在解决发明问题的实践中，人们遇到的各种矛盾以及相应的解决方案总是重复出现；

（2）用来彻底而不是折中解决技术矛盾的创新原理与方法，其数量并不多，一般科技人员都可以学习、掌握；

（3）解决本领域技术问题的最有效的原理与方法，往往来自其他领域的科学知识。

阿奇舒勒发现，“真正的”发明专利往往都需要解决隐藏在问题当中的矛盾。于是阿奇舒勒规定：是否出现矛盾，是区分常规问题与发明问题的一个主要特征。发明问题是指必须要至少解决一个矛盾（技术矛盾或物理矛盾）的问题。

TRIZ 来源于对高水平发明专利的分析，因此人们通常认为 TRIZ 更适用于解决技术领域里的发明问题。目前，TRIZ 已逐渐由原来擅长的工程技术领域向自然科学、社会科学、管理科学和生物科学等多领域渗透，尝试解决这些领域中遇到的问题。

1.2 TRIZ 现状与未来发展

1.2.1 TRIZ 现状

自从进入到 21 世纪这个全球经济发展的好时代，TRIZ 理论就以星星之火可以燎原之势风靡全球。无论是起先的制造生产业还是现在的非技术产业都在使用这一理论，总体上，TRIZ 理论正在逐步走向完善，但是还没有一套完整的制度。国内的 TRIZ 研究如火如荼，在各大高校都有专门的创新实验室，各大企业也加大投资。过于泛滥的 TRIZ 理论被一些自称为 TRIZ 理论大师的人所利用，因为现在的大师们还没有一套完整的理论体系，所有人都是在阿奇舒勒的体系下添砖加瓦建立更加完善更加全面的体系。

现如今的 TRIZ 创新理论中所使用的方法和工具并不完善，在这个大数据的时代 TRIZ 理论是有质的飞跃，大数据库的建成可使查找资料文献更快更多更方便。现代的技术也正在开发新一轮的 TRIZ 理论的使用工具，当然在 TRIZ 理论工具中有些功能非常强大的工具，也有一些冗长多余的算法。ARIZ 是发明问题解决理论中的算法，但是现在的算法就有多达几十个版本。这些都需要我们的科研人员努力钻研，希望尽早有一天可以有一个完整的 TRIZ 理论体系。

现阶段国内的发明问题解决理论主要是从两个角度去解析 TRIZ 理论，一方面是根据工具之间的逻辑关系来分析，另一方面是按照其中的主要专业术语来进行归纳总结理论体系。通过对工具之间的逻辑关系的推论，可以对工具进行筛选，去掉那些交叉重复功能，从而找出与问题最为对应好用的工具。每一次的总结和归纳都会使理论体系的大框架进一步完善。这些都是促使我们和进行创新和改进的动力。

当然也不可否认发明问题解决理论对生产实际、产品设计、文化、商业、政治、教育、重工业、轻工业、航天、深海等领域的巨大贡献，拉动了经济的发展，使国家强起来，人们富起来。所以 TRIZ 理论是一个不会过时的宝藏，只要我们可以将它用到该用的地方，就如金子总是会发光一样，TRIZ 理论不会被时代所遗忘。我们已经站在巨人的肩膀上看着这个世界的发展，在建成的大厦中添砖加瓦亦或是在大厦的中间建造电梯。

1.2.2 TRIZ 的未来发展

TRIZ 可以指导人们发现新原理和总结新知识，也使 TRIZ 本身可以随着科学技术的发展和社会的进步而不断地完善。TRIZ 今后的研究和应用方向主要有两个：一是 TRIZ 本身的不断完善；二是进一步拓展 TRIZ 的应用领域。

(1) TRIZ 是前人知识的总结和升华，受到了一定的时代限制。如何适应新的时代要求，进一步完善内容和体系，一直是人们关注的焦点和研究的主要方向之一。如果把阿奇舒勒的理论成就定义为经典 TRIZ，那么现在 TRIZ 已经派生出了不同的流派与分支。

(2) 进一步探讨和拓展 TRIZ 的理论内涵，尤其是把信息技术、生命技术、社会科学等方面的原理和方法融入 TRIZ 中，从而让 TRIZ 指导发明创新的能力变得更加强大。

(3) 全面拓展 TRIZ 的应用范围，从工程领域拓展到其他领域，使人们能够利用 TRIZ 去解决更广泛领域内的各种矛盾和发明问题，使 TRIZ 的应用面更广。

(4) 要把利用 TRIZ 解决实际问题的实践和方法进一步软件化和工具化，尽快开发出适合更广阔领域、满足各种不同专业用途的系列化软件。

(5) 在中国推广以 TRIZ 为核心的创新方法，还涉及 TRIZ 本土化的问题。与电灯、汽车、计算机、微积分、进化论等科学技术一样，TRIZ 是“舶来品”，如何让其适合中国的国情，根植于中国文化，在中国发扬光大，是研究与推广创新方法的首要任务之一。

(6) TRIZ 主要解决设计中如何（How）做的问题，但对设计中做什么（What）的问题未能给出合适的方法。大量的工程实例表明，TRIZ 的出发点是借助于经验，发现设计中的矛盾。矛盾发现的过程，是通过对问题的定性描述来完成的。其他的设计理论，特别是质量功能展开（Quality Function Development，QFD）法，恰恰能解决做什么的问题，稳健设计则特别适合于详细设计阶段的参数设计。将 QFD、TRIZ 和稳健设计集成，能形成从产品定义、概念设计到详细设计的强有力支持工具，发挥各自的优势，更有助于产品创新。因此，三者的有机集成，已成为设计领域的重要研究方向。

1.2.3 TRIZ 理论的主要内容及方法

TRIZ 创新理论体系包括了六大主要内容：创新思维方法与问题分析方法、技术系统进化法则、技术矛盾解决原理、创新问题标准解法、发明问题解决算法 ARIZ、基于各个领域的庞大知识库。其核心思想是任何事物都会在一个具有客观规律的模式中前行、进化。就如在大自然中存在着许多自然规律，物竞天择，适者生存，所有的发展都是为了适应这个世界或者改变这个世界。解决问题的冲突、矛盾就是发展的动力，只有在一定的奖罚制度中才能激发出一个人最大的潜力。

用来研究 TRIZ 创新理论的工具和方法有很多，例如冲突矩阵、76 标准解答、ARIZ、AFD、物质-场分析、ISQ、DE、8 种演化类型、科学效应、40 个创新原理，39 个工程技术特性，物理学、化学、几何学等工程学原理知识库等。其发明问题解决理论的创始人在物质分析场中还留下了 76 种标准解，还有理论体系中最为重要的一步——ARIZ 解决问题算法。虽然问题解决算法有很多个版本，但是还是需要进一步完善。TRIZ 创新理论体系中有着众多功能强大的工具，这些工具帮助我们简化系统、降低成本、提高效率，同时使我们的设计人员在解决问题的过程中进行创新，一些强大的工具可以帮助减少时间，帮助创新人员理清思路，知道最终的需求是什么。在使用工具的过程中同时也要思考和创新，有没有可能创新出一种更加强大的工具。

思 考 题

1-1 TRIZ 理论的核心思想是什么？

1-2 TRIZ 理论体系中包含哪些工具？

1-3 TRIZ 理论对创新有哪些帮助？

1-4 TRIZ 与其他创新方法有什么区别？

2 TRIZ中的创新思维方法

2.1 创新的障碍及克服方法

2.1.1 创新的障碍

2.1.1.1 信息加工与问题处理障碍

Newell 和 Simon 认为解决问题涉及寻找最成功的程序，解决问题过程的重要组成部分为：对任务环境的确切感知、确定正确的问题空间、充足的信息及正确的加工程序。

2.1.1.2 影响创新的个体性障碍

策略障碍：“唯一正确答案的思维方式”。

价值障碍：个体固执于问题及其解决方案的价值判断，主观地认为某些方法应该值得推崇，另一些方法则是不应该加以采用的。

感觉障碍：由于个体的知识、经验缺乏或者不完整而造成的。

自我形象障碍：害怕创新活动失败可能给自己带来难堪，以及羞于表达自己的思想。

2.1.1.3 影响创新的组织性障碍

缺少必要的资源支持与管理支持；偏好根本性创新而不重视渐进性创新；抵制变化；害怕冒险与失败。

2.1.2 克服创新障碍的方法

2.1.2.1 克服创新的个体性障碍的策略

策略障碍——学会多问几个为什么，不满足于现有的答案。

价值障碍——要认识自己的价值，努力从组织整体利益和长期利益出发，分析问题，做出决策。

感觉障碍——不断完善自身的知识体系，培养自己的观察能力与经常总结经验的习惯，加强与群体成员的交流，学会应用他人的知识与经验来提高解决问题的能力。

自我形象障碍——在组织内与其他成员建立平等交流的渠道，并通过自我肯定性训练来培养自信心。

2.1.2.2 克服创新的组织性障碍的策略

首先，企业需要认识到以上障碍因素，然后企业努力建设创新型企业文化，使企业的全体员工能在一种开放自由的环境中，充分沟通，勇于实验，探讨所有的创新方向和创新领域。

2.2 思维惯性

2.2.1 思维惯性的定义

思维惯性，也叫思维定势，就是在过去获得的经验和知识的基础上形成的感性认识，逐渐沉淀成为一种特定的认知模式。在长期实践与经验的积累中，在处理日常事务和一般性问题时，可以驾轻就熟，得心应手，提高效率，节约成本，使问题圆满解决。在面临新情况、新问题时，思维定势会阻碍我们形成新观念、新构想、新点子、发现新事物，成为我们思维的枷锁，前进的羁绊。

2.2.2 思维惯性的形成过程

假设存在问题 A，B 是针对问题 A 所采取的行动，C 是导致的结果。在问题 A 发生时，人们采取了行动 B，则导致了结果 C，且行为是成功的。这样重复几次，每当问题 A 出现时，就采取行动 B，得到结果 C，这样便逐渐形成了思维惯性。

但是，当 A 再次出现在变化了的任务环境中时，人们却因为思维定势的缘故，忽略了这种变化，又采取了行动 B，可是所期望的结果 C 并不会出现，最终造成了不必要的损失。

2.2.3 思维惯性的产生和影响

法国心理学家贝尔纳说："妨碍人们学习的最大障碍，并不是未知的东西，而是已知，这种已知的东西构成思维定势，往往成为人们认识、判断事物的思维障碍"。在过去获得的经验和知识的基础上形成的感性认识，逐渐成为一种特定的认识模式。思维惯性积极的一面表现为思维活跃的稳定性、模式化、一致性和趋同性，消极的一面表现为思维活动的惰性、僵化，求同性、封闭性和单向性。

思维惯性在人们的日常生活与工作中，起着非常重要的作用，它使人们在遇到以往问题相似的情况下，能较迅速地做出反应，尤其是在危险的状态下，它对人们的身体健康与生命安全起着非常重要的保护作用。但是再创新过程中，它却是一种非常常见的障碍，它使人们在遇到类似的问题时，可能会不假思索地运用过去常采用的方法来处理，却忽略了环境的变化。

2.2.4 思维惯性的表现形式

人们过去采用某种特定的方法来解决某类特定问题时取得了成功，常常会强化他们对改装那个方法解决此类问题的信念，并且认为这种方法经常成功，所以是最有效的，其结果常常排斥其他的方法；常常低估问题及问题环境的变化，认为所出现的问题其实质是相同的。此为只有一种正确的解决问题方法的思维模式。

过分强调逻辑的重要性。在寻求创意的开始阶段，有些逻辑关系不是开始就可以看清楚的，要等到事物之间所有的联系都研究清楚了才行动，往往贻误战机，这要求创新者在创新过程中，必须充分重视非逻辑思维的重要性，只要没有发现明显违背逻辑的关系，就可以谨慎地进行试验。

思维惯性包括权威惯性、从众惯性、经验惯性、书本惯性、非理性惯性等。

（1）权威惯性：权威惯性在科技界就是不管对与否，唯领导和专家之名是从。

（2）从众惯性：从众，就是服从大众、随大流。是心理障碍中最常见、最重要的表现之一，从众倾向比较强烈的人，在认识判断的时候，往往是符合多数，人云亦云，缺乏独立思考能力，缺乏创新观念。显而易见，如果一味地“从众”，个人就不愿开动脑筋，也就不可能获得创新。

（3）经验惯性：用已有的经验为行为的标准，而不考虑技术环境、时间、地点等的变化，具体表现为思想的僵化和保守。

（4）书本惯性：书本是人们获取知识的主要来源，前人的研究成果和经验总结大部分是通过书本传递的。但如果在实践中完全照搬书本上的知识，不考虑实际情况，则有可能带来失败后果。

（5）非理性惯性：是人的思维经常受到非理性因素干扰，如爱情、欲望、冲动、情绪、潜意识等，其中感情用事是最常见的非理性因素。例如，非理性消费。相关调查显示非理性消费占女性消费支出比重的20%；受打折影响而购买了不需要或不打算买的东西的女性为56%；为店内POP及现场展销而心动并实施购买的女性达40.8%；受广告影响买了没用的东西或不当消费的女性为22.8%；50.7%的青年女性都有过受到促销人员诱导而消费不当产品的经历；55.5%的青年女性“和朋友逛街受朋友影响”而消费了本不该买的产品或服务；在极端情绪中购物消费的女性多达46.1%；只有不到8%的女孩不太喜欢逛街；79%的人在非理性消费后持无所谓或不后悔的态度。

（6）外表、形象惯性：人们往往根据一个人的外貌来判断该人的好坏，这就是外表、形象思维惯性。物体外表、形状思维惯性，总是通过物体的外形来判定物体的作用原理。为解决与该物体有关的问题，可以改变已被人们习惯了的物体外表、形状。

（7）专业知识的惯性：由于知识面狭窄，解决问题时总是局限于本领域或相关领域。新知识领域专家的建议，可以将问题引到一个新的领域对物体进行功能分析和技术系统分析，理想的技术系统经常需要在领先的领域中寻找技术功能。

（8）术语惯性：一些术语是在某个领域的实践中总结出来的，提到这些术语就会使思维局限在相应领域，或者局限在该领域的某个方向。专业性很强的术语，如蒙皮、进给；通用性工程术语，如传感器、对流器；功能术语，如支撑物、切削器、储存罐；日常术语、孩童术语，如锅、棍子、绳子、孩子惯用的词语等。

2.3 创新思维

创新思维是在综合运用比较、分类、归纳、演绎等逻辑思维和形象、联想、灵感等非逻辑思维的基础上，产生新方案、新办法、新概念、新形象、新观点的思维过程。在创新思维过程中，形成了多种思维形式，典型的有扩散思维与收敛思维、横向思维与纵向思维、正向思维与逆向思维、求同思维与求异思维。

2.3.1 扩散思维与收敛思维

2.3.1.1 扩散思维

扩散思维指面对问题沿着多方面思考，产生出多种设想和答案的思维方式，又称发散思维、辐射思维、求异思维、多向思维等。独特性表现为发散的“新异”“奇特”和“独到”，即从前所未有的新角度认识事物，提出超乎寻常的新想法，使人们获得创造性成果。图 2-1 是发散思维示意图。

发散思维的具体形式包括用途发散、功能发散、结构发散和因果发散等。

（1）用途发散：是以某个物品为扩散点，尽可能多地列举材料的用途。例如，把回形针经过材料发散可得到各种用途：把纸和文件别在一起；拉开一端，能在水泥板或泥地上画印痕；拉直可用作纺织工的织针；可变形制作挂钩等。

（2）功能发散：是以某种功能为发散点，设想出获得该功能的各种可能性。例如，对“物质分离”进行功能发散，可采用过滤、蒸发、结晶等方法来实现。再如，对“照明”采用功能发散，可得到很多结果：开电灯、点蜡烛、点火把、用手电筒、用镜子反射太阳光等。

（3）结构发散：是以某个事物的结构为发散点，尽可能多地设想出具有该结构的各种可能性。例如，由三角形结构发散，可以得到三角尺、三角窗、三角旗、屋顶的三角结构、金字塔等。

（4）因果发散：是以某个事物发展的结果为发散点，推测造成该结果的各种原因，或以某个事物发展的起因为发散点，推测可能发生的各种结果。例如，对玻璃杯破碎进行因果发散，找寻原因，可得到：手没抓稳，掉在地上碰碎了；被某种东西敲碎了；冬天冲开水时爆裂了；杯子里的水结冰胀裂了等。

2.3.1.2 收敛思维

收敛思维（集中、符合、求同、聚敛）指为了解决某一问题而调动已有的知识、经验和条件去寻找唯一的答案，其思维方向总是指向问题中心，是由面到点的内聚式思维形态，图 2-2 是收敛思维示意图。

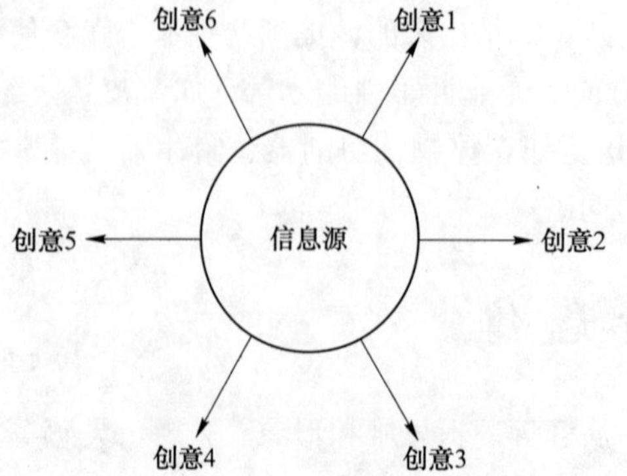

图 2-1 发散思维

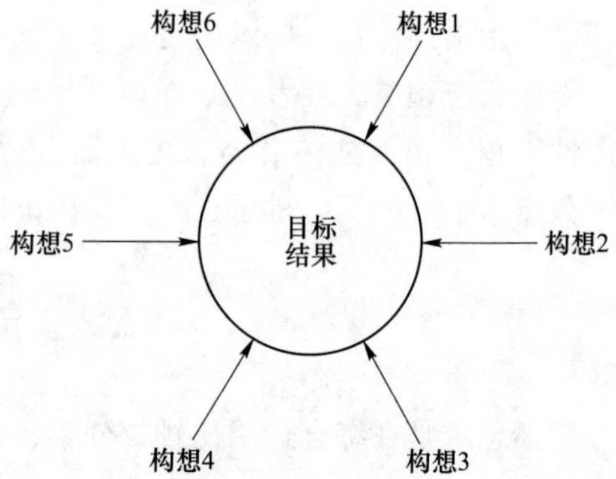

图 2-2 收敛思维

在收敛思维的过程中，要想准确地发现最佳的方法或方案，必须综合考察各种发散思维成果，并对其进行归纳、分析比较。收敛式综合并不是简单的排列组合，而是具有创新性的整合，即以目标为核心，对原有的知识从内容到结构上进行有目的地评价、选择和重组。

2.3.1.3 收敛思维与发散思维的关系

收敛思维与发散思维的区别：（1）思维指向相反；（2）两者作用不同。

收敛思维与发散思维的联系：收敛思维与发散思维各有优缺点；在创新思维中相辅相成，互为补充；只有发散，没有收敛，必然导致混乱；只有收敛，没有发散，必然导致呆板僵化，抑制思维的创新。因此，创新思维一般是先发散而后集中。

2.3.2 横向思维与纵向思维

横向思维研究同一事物在不同环境中的发展状况，并通过同周围事物的相互联系和相互比较，找出该事物在不同环境中的异同。纵向思维是从事物自身的过去、现在和未来的分析对比中，发现事物在不同时期的特点及前后联系而把握事物本质的思维过程。横向思维与纵向思维的综合应用能够对事物有更全面的了解和判断，是重要的创造性思维技巧之一。

2.3.2.1 横向思维

横向思维是由爱德华·德·波诺于1967年在其《水平思维的运用》中提出的。横向思维从多个角度入手，改变解决问题的常规思路，拓宽解决问题的视野，从而使难题得到解决，在创造活动中发挥着巨大作用。

在横向思维的过程中，首先把时间概念上的范围确定下来，然后在这个范围内研究各方面的相互关系使横向比较和研究具有更强的针对性。横向思维（见图2-3）对事物进行横向比较，即把研究的客体放到事物的相互联系中去考察，可以充分考虑事物各方面的相互关系，从而揭示出不易觉察的问题。横向思维突破问题的结构范围，是一种开放性思维，思维过程中将事物置于很多的事物、关系中进行比较，从其他领域的事物获得启示从而得到最终的结果。

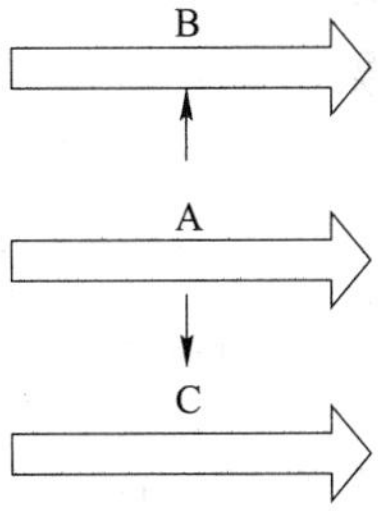

图2-3 横向思维

2.3.2.2 纵向思维

纵向思维被广泛应用于科学和实践之中。事物发展的过程性是纵向思维得以形成的客观基础，任何一个事物都要经历一个萌芽、成长、壮大、发展、衰老和死亡的过程，并且在这个发展过程中可捕捉到事物发展的规律性，纵向思维就是对事物发展过程的反映。

纵向思维（图2-4）是按照由过去到现在、由现在到将来的时间先后顺序来考察事物，揭示事物发展的过程，在考察事物的起源和发生时具有重要作用。纵向思维在事物的历史发展中考察事物，考察的事物必须是同一的，具有自身的稳定性和可比性。纵向思维对未来的推断具有预测性，其预测结果可能符合事物发展的趋势。

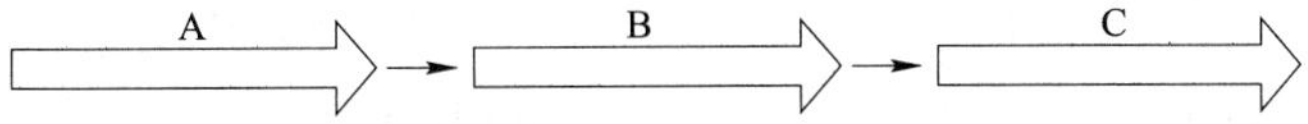

图2-4 纵向思维

2.3.3 正向思维与逆向思维

2.3.3.1 正向思维

正向思维法是依据事物发展过程建立的，是人们经常用到的思维方式。正向思维法一次只对某一种或一类事物进行思考，它是在对事物的过去、现在充分分析的基础上，推知事物的未知部分，提出解决方案，是一种从已知到未知来揭示事物本质的思维方法。正向思维示意图如图 2-5 所示。

正向思维具有如下特点：在时间维度上是与时间的方向一致的，随着时间的推进进行，符合事物的自然发展过程和人类认识的过程；认识具有统计规律的现象，能够发现和认识新事物及其本质；面对生产生活中的常规问题时，正向思维具有较高的处理效率，能取得很好的效果。

2.3.3.2 逆向思维

所谓逆向思维法，就是指人们为了达到一定目标，从相反的角度来思考问题，从中引导启发思维的方法。逆向思维法利用了事物的可逆性，从反方向进行推断，寻找常规的岔道，并沿着岔道继续思考，运用逻辑推理去寻找新的方法和方案。逆向思维示意图如图 2-6 所示。

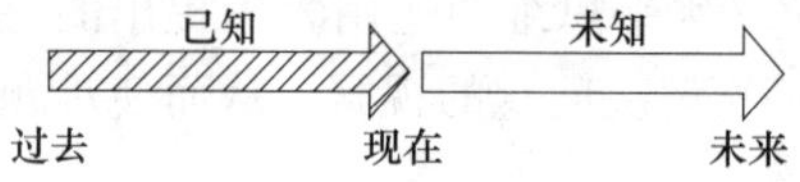

图 2-5 正向思维

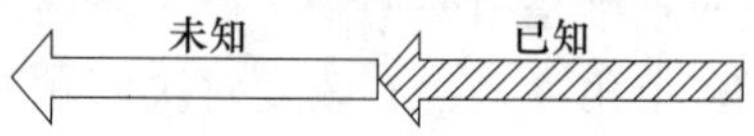

图 2-6 逆向思维

逆向思维在各种领域、活动中都有适用性。它有多种形式，如性质上对立两极的转换（软与硬、高与低等），结构、位置上的互换、颠倒（上与下、左与右等），过程上的逆转（气态变液态或液态变气态、电转为磁或磁转为电等）。不论哪种方式，只要从一个方面想到与之对立的另一方面，则都是逆向思维。

2.3.4 求同思维与求异思维

英国心理学家、哲学家和经济学家约翰·穆勒在《逻辑学体系》中提出了后来以他的姓氏著称的穆勒五法，即契合法、差异法、契合差异并用法、共变法、剩余法。

契合法就是考察出现某一被研究现象的几个不同场合，如果各个场合除一个条件相同外，其他条件都不同，那么，这个相同条件就是某被研究现象的原因。这种方法是异中求同，又叫求同法。

差异法就是比较某现象出现的场合和不出现的场合，如果这两个场合除一点不同外，其他情况都相同，那么这个不同点就是这个现象的原因。因这种方法是同中求异，故又称为求异法。

2.3.4.1 求同思维

求同思维是指在创造活动中，把两个或两个以上的事物，根据实际的需要联系在一起进行“求同”思考，寻求它们的结合点，然后从这些结合点中产生新创意的思维活动。求同思维从已知的事实或命题出发，通过沿着单一的方向一步步推导，来获得满意的答案。

已获得客观事物共同本质和规律的基本方法是归纳法，把归纳出的共同本质和规律进行推广的方法是演绎法。这些过程中，肯定性的推断是正面求同，否定性的推断是反面求同。

求同思维沿着单一的思维方向，追求秩序和思维缜密性，能够以严谨的逻辑性环环相扣，以实事求是的态度，从客观实际出发，来揭示事物内部存在的规律和联系，并且要通过大量的实验或实践来对结论进行验证和检验。只要能在事物间找出它们的结合点，基本就能产生意想不到的结果。组合后的事物所产生的功能和效益，并不等于原先几种事物的简单相加，而是整个事物出现了新的性质和功能。

2.3.4.2　求异思维

求异思维是指对某一现象或问题，进行多起点、多方向、多角度、多原则、多层次、多结果的分析和思考，捕捉事物内部的矛盾，揭示表象下的事物本质，从而选择富有创造性的观点、看法或思想的一种思维方法。

遇到难题时采用求异思维，常常能突破思维定势，打破传统规则，寻找到与原来不同的方法和途径。求异思维在经济、军事、创造发明、生产生活等领域广泛应用。求异思维的客观依据是任何事物都有的特殊本质和规律，即特殊矛盾表现出的差异性。要进行求异思维，必须积极思考和调动长期积累的社会感受，给人们带来新颖的、独创的、具有社会价值的思维成果。

在求异思维中，常用到寻找新视角、要素变换、问题转换等具体方法。

2.4　TRIZ 中的创新思维方法

TRIZ 创始人为 TRIZ 开发了几种特有的创新思维方法，如九屏幕法、STC 算子法、小人法等。用这些方法思考问题，无形间克服了思维定势。

2.4.1　九屏幕法

九屏幕法（多屏操作）是 TRIZ 中典型的“系统思维”方法，它把问题当成一个系统来研究，关注系统的整体性、层级性、目的性，关注系统的动态性、关联性、各要素之间的结构。九屏幕法图解模型如图 2-7 所示。

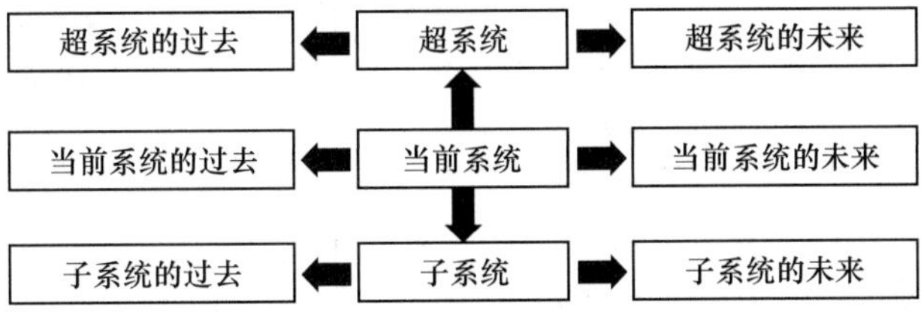

图 2-7　九屏幕法图解模型

九屏幕法从结构、时间以及因果关系等多维度对问题进行全面、系统的分析，即对情境进行整体考虑，不仅要考虑当前系统（指正在发生当前问题的系统），还要考虑它的超系统（指技术系统之外的高层次系统）和子系统（是构成技术系统之内的低层次系统）；不仅要考虑当前系统的过去和未来，还要考虑其超系统和子系统的过去和未来。

九屏幕法具有两条坐标轴线：纵向为系统层次，分为子系统、系统和超系统三个层次；横向为时间。该方法将发明者的视野从一个屏幕扩展到九个屏幕，分别考虑超系统组件、系统及子系统（组件）在三个不同的时间节点上的可利用资源。系统思考问题的产生与发展，系统的分析资源，从资源的视角探究解决问题的可能性，选取最佳方案解决问题。具体操作按下列步骤进行，如图 2-8 所示。

超系统		3	
系统	4	1	5
子系统		2	
	过去	现在	未来

图 2-8　九屏幕法操作步骤示意图

第一步：画出三横三纵的表格，将要研究的技术系统填入格 1。

第二步：考虑技术系统的子系统和超系统，分别填入格 2 和 3。

第三步：考虑技术系统的过去和未来，填入格 4 和 5。

第四步：考虑超系统和子系统的过去和未来，填入剩下的格子。

第五步：针对每个格子考虑可用的各种类型资源。

第六步：利用资源规律，选择解决技术问题。

例 2-1　鸡蛋打“戳”，身价倍增

给鸡蛋标注品牌、生产日期和保质期等，消费者就能够判断鸡蛋是否坏损，因此有“身份证”的鸡蛋受到消费者的青睐，价格也比没有标识的高，如何为鸡蛋打上戳（最好不过多增加成本）？

解：

第一步：基于九屏幕法作图 2-9，并将要研究的技术系统填入图 2-8 示意的格 1。

第二步：考虑技术系统的子系统超系统填入图 2-8 示意的格 2 和 3。

第三步：考虑技术系统的过去和未来填入图 2-8 示意的格 4 和 5。

第四步：考虑超系统和子系统的过去和未来，填入剩下的格子，如图 2-9 所示。

超系统的过去： 雕版印刷；铜版印刷； 活字印刷术等	超系统： 石墨印刷； 激光打印	超系统的未来： 3D 立体印刷； 纳米技术
当前系统的过去： 手带上“戳”进行印刷	当前系统： 给鸡蛋打“戳”	当前系统的未来： （1）通过改变母鸡本身使其生出特定的蛋； （2）采用更为先进的技术打戳；（3）不打戳
子系统的过去： （1）还不具有生蛋能力的鸡； （2）没有鸡蛋	子系统： 鸡蛋	子系统的未来： （1）不吃鸡蛋；（2）人工合成鸡蛋； （3）采用更为先进技术进行打“戳”的鸡蛋

图 2-9　九屏幕法的实例——鸡蛋打“戳”

第五步：针对每个格子，考虑可利用资源。

从图 2-9 可知，针对子系统、系统、超系统的过去我们已经没有太多的选择余地，只能从现在从未来出发，寻找解决方法。由此可知（1）如果打“戳”的话，我们就可以选择更为先进的打戳技术，例如纳米技术、三维打戳等。（2）如果不打戳的话，我们可以直接考虑人工合成具有同样营养价值的人工鸡蛋。

第六步：利用资源规律，选择解决技术问题。

针对可利用的资源，在现有的打戳技术上，解决方案可有两个：

（1）任何创新都会伴随巨大的风险，我们要敢于尝试，所以我们可以不断开发使用新技术（3D 立体印刷、纳米技术），与此同时不断完善新技术。

（2）尝试人工合成鸡蛋，并改善合成鸡蛋的装法，比如可以采用带有自己企业标志的袋子、盒子等等。不一定非要用蛋壳从而增加打戳的难度。

通常，只有当一个系统出现问题的时候，我们才需要利用九屏幕法来帮助我们寻找解决问题的思路。

然而也只有当我们深刻理解九屏幕各个宫格之间内在的逻辑关系，并正确掌握填写规则和要领，九屏幕法才能真正发挥出它应有的效能，并产生出有价值的创意。

2.4.2 IFR 法

2.4.2.1 理想度

每个技术系统之所以被设计、制造，就是为了提供一个或多个有用功能（Useful Function，UF）。一个技术系统可以执行多种功能，在这些有用功能中，有且只有一个最有意义的功能，这个功能是技术系统存在的目的，称为主要功能（Primary Function，PF），主要功能也被称为首要功能或基本功能。一个系统往往具有多个有用功能，但是到底哪个有用功能才是主要功能，需要具体问题具体分析。另外，为了使主要功能得以实现，或提高主要功能的性能，技术系统往往还会有多个辅助性的有用功能，称为辅助功能（Auxiliary Function，AF）或称伴生性功能。同时，每个技术系统也会有一个或多个我们所不希望出现的效应或现象，称为有害功能（Harmful Function，HF）。

对于一个技术系统来说，从它诞生的那一刻起，就开始了其进化的过程。在进化过程中具体表现为：在数量上，技术系统能够提供的有用功能越来越多，所伴生的有害功能越来越少；在质量上，有用功能越来越强，有害功能越来越弱。下面的理想度定义公式就表示了技术系统的这种进化趋势。

$$I=\frac{\sum_{i=1}^{\infty}U_i}{\sum_{j=1}^{0}C_j+\sum_{k=1}^{0}H_k}=\infty$$

对于理想度（Ideality）的定义，阿奇舒勒是这样描述的：系统中有益功能的总和与系统有害功能和成本的比率。其中，I 为理想度；U 为技术系统的有用功能；C 为成本；H 为有害功能；i 为变量 U 的数量；j 为变量 C 的数量；k 为变量 H 的数量。

从上式可以看出，随着技术系统的进化，系统的理想度不断增大，最终趋向于无穷大。将上式中的有用功能用技术系统的效益来表示，将有害功能细化为系统的成本（如时间、空间、能量、重量）和系统产生的有害作用之和。明确指出了在技术系统的进化过程中，其效益不断增加，有害作用不断降低，成本不断减小（系统实现其功能所需要的时间、空间、能量等不断减少，同时，系统的体积和重量也不断减小），系统的理想度不断增大，最终趋向于无穷大。

2.4.2.2 理想系统

当技术系统的有用功能趋向于无穷大，有害功能为零，成本为零的时候，就是技术系统进行的终点。此时，由于成本为零，技术系统不再具有真实的物质实体，也不消耗任何资源。同时，由于有用功能趋向于无穷大，有害功能为零，表示技术系统不再具有任何有害功能，且能够实现其应该实现的一切有用功能。这样的技术系统就是理想系统（Ideal System）。

在 TRIZ 中，理想系统是指：作为物理实体它并不存在，也不消耗任何的资源，但是却能够实现所有必要的功能，即系统的质量、尺寸、能量消耗无限趋近于零，系统实现的功能趋近于无穷大。因此，也可以说，理想技术系统没有物质形态（体积为零，重量为零），也不消耗任何资源（消耗的能量为零、成本为零），却能实现所有必要的功能。

理想系统只是一个理论上的、理想化的概念，是技术系统进化的极限状态，是一个在现实世界中无法达到的终极状态。但是，理想系统就像北极星一样，为设计人员和发明家指出了技术系统进化的终极目标，是寻找问题解决方案和评价问题解决方案的最终标准。在现实世界中，设计人员和发明家的使命就是通过不断地改善系统的有用功能、消除有害功能和降低成本，使技术系统逐步向理想系统逼近。

2.4.2.3 最终理想解

产品创新的过程，就是产品设计不断迭代，理想化的水平不断由低级向高级演化的过程，无限逼近理想状态。当设计人员不需要额外的花费就实现了产品的创新设计时，这种状况就称为最终理想结果（Ideal Final Result，IFR），或者基于理想系统的概念而得到的针对一个特定技术问题的理想解决方案，称为最终理想解。

最终理想解（IFR）的实现可以这样来表述：系统自己能够实现需要的动作，并且同时没有有害作用的参数。通常 IFR 的表述中需包含以下两个基本点：系统自己实现这个功能；没有利用额外的资源，并且实现了所需的功能。

最终理想解是从理想度和理想系统延伸出来的一个概念，是用于问题定义阶段的一种心理学工具，是一种用于确定系统发展方向的方法。它描述了一种超越了原有问题的机制或约束的解决方案，指出了在使用 TRIZ 工具解决实际技术问题时应该努力的方向。

这种解决方案可以看作与当前所面临的问题没有任何关联的、理想的最终状态。

2.4.2.4 IFR 的应用步骤

应用 IFR 的步骤如下：

第一步：现有的问题描述。

第二步：问题解决的 IFR 描述，自我服务，实现有用功能，利用聪明的材料或物质，有害作用的自我消除。

第三步：分析现有的所有可利用资源，充分利用现有的能量和资源，尽量少引用新的资源。

第四步：得到接近 IFR 的技术方案。

例如，割草机的改进。割草机在割草时发出噪声，消耗能源，产生空气污染，高速飞出的草有时会伤害到操作者，需要改进现有的割草机，解决噪声问题。

传统设计中，为了达到降低噪声的目的，一般设计者要为系统增加阻尼器、减震器等子系统，这不仅增加了系统的复杂性，而且增加的子系统也降低了系统的可靠性。显然，这不符合 IFR 的特点。

如果用 IFR 来分析问题，会得到截然不同的创新设计方案。

先确定客户的需求是什么，客户需要漂亮整洁的草坪，割草机并不是客户的最终需求，只是维护草坪的一个工具，割草机具有维护草坪整洁的一个有用功能，但是带来了大量的无用功能。

从割草机与草坪构成的系统看，IFR 为草坪上的草始终维持一个固定的高度，就诞生了“漂亮草种”，这种草生长到一定高度就停止生长，割草机不再被需要，问题得到理想解决。

因此，设定了 IFR 就是设定了技术改进的方向。IFR 是解决问题的最终目标。即使理想的解决方案不能 100%地获得，但会引导你得到最巧妙和有效的解决方案。

例 2-2 给鸡蛋打日期戳

给鸡蛋标识生产日期和保质期，消费者就能够判断鸡蛋是否坏损，因此有“身份证”的鸡蛋收到消费者的青睐，价格也比没有标识的高。养殖场长决定要这样做，但是购买进口的电脑喷码仪太贵了，如何解决这个问题呢?

第一步：现有的问题描述。

给鸡蛋标识生产日期和保质期，但不能用昂贵的进口电脑喷码仪。

第二步：问题解决的 IFR 描述。

不增加新设备，给鸡蛋打上标记。

第三步：分析现有的所有可利用资源。

大量鸡蛋，蛋格，蛋框，流水线，操作人员的手、眼；

传递带传送鸡蛋；

工人用手把鸡蛋放入蛋格中；

蛋格封装入箱。

第四步：得到接近 IFR 的技术方案。

利用现有的与鸡蛋有直接接触的组件，打上标记。

2.4.3 小人法

任何技术系统存在的目的都是为了完成某项或多项特定的功能，当系统内出现问题（矛盾或冲突）时，为了克服工程师在解决问题时的思维惯性，使问题得到更好的解决，阿奇舒勒创立了“聪明的小矮人法”。

2.4.3.1 什么是小人法

当系统内的某些组件不能完成其必要的功能，并表现出相互矛盾的作用，用一些小人来代表这些不能完成特定功能的部件，通过能动的小人，实现预期的功能。然后根据小人模型对结构进行重新设计。其目的是克服犹豫思维惯性导致的思维障碍和提供解决矛盾问题的思路。

2.4.3.2 小人法解决技术问题流程

小人法在解决问题时通常采取以下步骤：

第一步：分析系统和超系统的构成。

描述系统的组成，“系统”是指出现问题的系统，系统层级的选择对于分析问题和解决问题有很大的影响。系统层级选择太大时，系统信息不充分，为分析问题带来了困难；系统层级太小时，可能遗漏很多重要的信息。这时需要根据具体的问题，做具体分析。

第二步：确定系统存在的问题或者矛盾。

当系统内的某些组件不能完成其必要功能，并表现出相互矛盾时，找出问题中的矛盾，分析出现矛盾的原因是什么，并确定矛盾的根本原因。

第三步：建立问题模型。

描述系统各个组成部分的功能（按照第一步确定的结果描述），将系统中执行不同功能的组件想象成一群一群的小人，用图形的形式表示出来，不同功能的小人用不同的颜色表示，并用一组小人代表那些不能完成特定功能的部件。此时的小人问题模型是当前出现问题时或发生矛盾时的模型。

第四步：建立方案模型。

研究得到的问题模型（有小人的图），将小人拟人化，根据问题的特点及小人执行的功能，赋予小人一定能动性和“人”的特征，抛开原有问题的环境，对小人进行重组、移动、剪裁、增补等改造，以便实现矛盾解决。

第五步：从解决方案模型过渡到实际方案。

根据对小人的重组、移动、剪裁、增补等改造后的解决方案，从幻想情景回到现实问题的环境中，将微观变成宏观，实现问题的解决。

2.4.3.3 利用小人法解决水杯喝茶问题案例

水杯是人们经常使用的喝水装置，所有的人都在使用。据统计，我国有 50%左右的人有喝茶的习惯，而普通的水杯不能满足喝茶人的需要。问题在于利用普通水杯喝茶时，茶叶和水的混合物通过水杯的倾斜，同时进入口中，影响人们的正常喝水。在这个问题中，当水杯没有盛水，或者盛茶水但没有喝时并没有发生矛盾，因此只分析饮水时的矛盾。下面按照小人法的步骤逐一分析。

第一步：分析系统和超系统的构成。

系统由水杯杯体、水、茶叶以及杯盖组成，超系统是人的手及嘴。由于喝水时所产生的矛盾与系统的杯盖没有较大关系，因此不予考虑。而人的手和嘴是超系统，难以改变，也不予考虑。

第二步：确定系统存在的问题或者矛盾。

系统中存在的问题是喝水时水和茶叶同时会进入嘴中，根本原因是茶叶的质量较轻，漂浮在水中，会随水的移动而移动。

第三步：建立问题模型。

描述系统组件的功能，如表 2-1 所示。

表 2-1 系统组件功能描述

序号	组件名称	功能
1	杯体	支撑或固定茶水混合物
2	水	浸泡茶叶
3	茶叶	改变水的组成

第四步：建立方案模型。

如图 2-10 所示，在小人模型中，灰色的小人（水）和黑色的小人（茶叶）混合在一起，当白色小人（杯体）移动或者改变方向时（喝水时），灰色小人和黑色小人也会争先向外移动。我们需要的是灰色小人，而不是黑色小人。

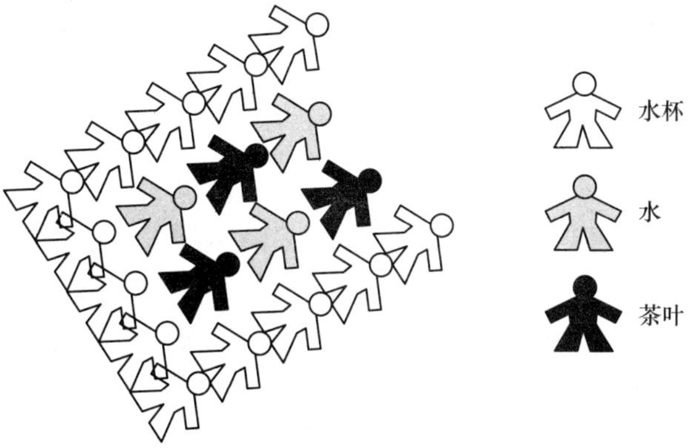

图 2-10 小人模型

这时，需要有另外一组人，将黑色小人拦住，就如同公交车中有贼和乘客，警察需要辨别好人与坏人，当好人下车时警察放行，坏人下车时警察拦住，最后车内剩余的是坏人。为了拦住坏人，需要警察的出现。因此本问题的方案模型是引入一组具有辨识能力的小人。

第五步：从解决方案模型过渡到实际方案。

根据第四步的解决方案模型，需要在出口增加一批警察，而警察必须有识别能力，回到原问题中，需要增加一个装置，能够实现茶叶和水的分离。由于茶叶不溶于水且茶叶有一定的体积和形状，很容易想到这个装置应当是带孔的过滤网，孔的大小决定了过滤茶叶的能力，如图 2-11 所示。

图 2-11 能够分离水和茶叶的水杯

小人法的优点是更形象生动地描述技术系统中出现的问题。通过用小人表示系统，打破技术系统的思维定势，更容易解决问题，获得理想解决方案。能动小人的引入，突破了思维定势，思考的过程是由一个人的思考变为两个或多个人的思考，解题思路得到进一步的拓展。

2.4.4 金鱼法

金鱼法源自俄罗斯普希金的童话故事——渔夫和金鱼的故事，故事中描述了渔夫的愿望通过金鱼变成了现实，映射金鱼法具有让幻想部分变为现实的寓意，采用金鱼法有助于将幻想式的解决构想转变成切实可行的构想。

金鱼法的基础，是将一个异想天开的想法分为两个部分：现实部分及非现实（幻想）部分。然后把非现实部分再分为两部分：现实部分及非现实部分。这样的划分不断地进行，直到余下的非现实部分有时会变得微不足道，而想法看起来却愈加可行为止。

2.4.4.1 金鱼法应用流程

金鱼法应用流程（见图 2-12）：

（1）将问题分为现实和幻想两部分。精确界定什么样的想法是现实的，什么样的想法看起来是不现实的。

（2）解释幻想部分为什么不现实。对此进行严密而准确的解释，否则最后可能还是得

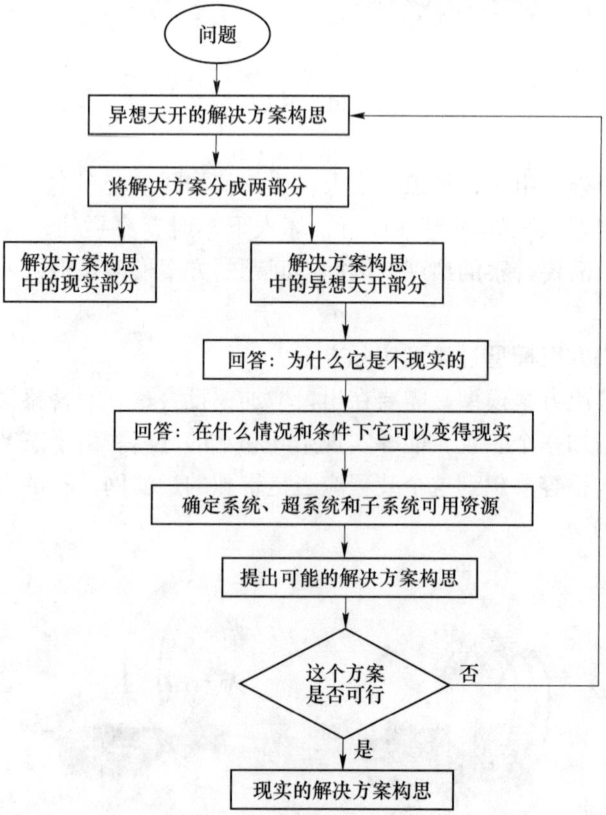

图 2-12 金鱼法流程

到一个不可行的想法。

（3）找出在什么条件下，幻想部分可变为现实。

（4）分析子系统、系统、超系统中的资源能否提供此类条件。

（5）如果能，则可定义相关想法，将这一新想法和初始想法的可行部分组合为可行的解决方案。

（6）如果我们无法利用现有资源为看起来不现实的部分提供实现条件，则可将这一“看起来不现实部分”再次分解为现实和幻想部分。然后，重复步骤（1）~（5），直到得出可行的解决方案。

2.4.4.2 金鱼法应用案例

金鱼法应用案例：训练长距离游泳的小型游泳池。

问题描述：要使训练有效，需要一个大型的游泳池，运动员可进行长距离的训练，但同时，泳池的占地面积和造价就会增加。用小型和造价低廉的泳池怎样满足相同的要求？

（1）将问题分为现实和幻想两部分。

现实部分：小型、造价低廉的泳池。

幻想部分：在小型泳池内实现单方向、长距离的游泳训练。

（2）提问题“幻想部分为什么不现实？”

运动员在小型游泳池内很快就能游到对岸，需要改变方向。

（3）在什么情况下，幻想部分可变为现实。

运动员体型极小；

运动员游速极慢；

运动员游动时停留在同一位置，止步不前。

（4）分析子系统、系统、超系统中的资源能否提供此类条件。

超系统：天花板，墙壁，空气，泳池的供水系统，泳池的排水系统。

系统：泳池的面积，泳池的体积，泳池的形状。

子系统：泳池底，泳池壁，水。

①运动员体型极小。

游泳池泳道很长，相对而言显得运动员体型小。

资源：游泳池的形状（联想田径场的跑道）。

可能的方案 1：游泳池变为环形的。

②运动员游速极慢——给运动员一个相反的力。

资源：空气、游泳池的供水系统、游泳池的排水系统、教练员、水、……

可能的方案 2：产生与运动员运动方向相反的强风。

可能的方案 3：借助供水系统的水泵，产生反方向流动的水流。

可能的方案 4：利用教练员给运动员施加反方向的力。

可能的方案 5：增大水的摩擦力，如游泳池中灌注黏性液体。

……

③运动员游动时停留在同一位置，止步不前——固定。

资源：天花板、墙壁、泳池底、泳池壁、上下的梯子、教练员、……

可能的方案 6：用绳子将运动员固定在泳池壁上、墙壁上、……

（5）提出可能的解决方案构想——方案汇总。

可能的方案 1：游泳池变为环形的。

可能的方案 2：产生与运动员运动方向相反的风。

可能的方案 3：借助供水系统的水泵，产生反方向流动的水流。

可能的方案 4：利用教练员给运动员施加反方向的力。

可能的方案 5：增大水的摩擦力，如游泳池中灌注黏性液体。

可能的方案 6：将运动员进行固定。

……

（6）确定可行的方案。

与行业专家交流对可能的方案做出评价：能达到训练效果吗？实现的难易程度如何？需要投入多大的成本？会带来其他负面问题吗？

其中，方案 3 可行度很高。

采用金鱼法，将思维惯性带来的想法重新定位和思考，帮助我们快速跳出思维定势的圈子，让我们具有“新的眼光”，克服对“幻想”的自然排斥心理。金鱼法是一个引导我们思考、激发创新思维的工具方法。

2.4.5 STC 算子

2.4.5.1 什么是 STC 算子

STC 算子是通过极限思考方式，对系统或组件的尺寸、时间和成本因素进行一系列变化的思维试验。其三个字母的含义分别为：S（size）代表尺度；T（time）代表时间；C（cost）代表成本。

STC 算子通过分析这三个因素的极限变化来找出相应问题解决办法，例如把系统想象为很小（甚至不存在），思考会对解决问题有什么益处，再把系统想象为无限大，并思考会对解决问题有什么益处。同样，可以针对时间（瞬间发生或者要花费无限长的时间）和成本（系统免费或者花费无限多的资金）来执行此类想象。

2.4.5.2 应用 STC 算子的目的

应用 STC 算子的目的：

一是克服长期由于思维惯性产生的心理障碍，打破原有的思维束缚，将客观对象由“习惯”概念变为“非习惯”概念；

二是通过尺寸、时间和成本三个维度的分析，迅速发现对研究对象最初认识的误差；

三是通过认识误差的分析，重新定位、界定研究对象，使“熟悉”的对象陌生化；

四是用 STC 算子思考后，可以在分析问题的过程中发现系统中存在的技术矛盾或物理矛盾，以便在后续的解题过程中予以解决，很多时候改变原来的思路就可以找到问题的解决方案。

2.4.5.3 STC 算子的实施步骤

STC 算子的实施步骤如下：

（1）明确研究对象，明确研究对象现在的时间、尺寸和成本。这里的研究对象可以是整个技术系统，也可以是技术系统的子系统或组件。

（2）想象对象的尺寸先变无穷大（S→∞），想象在这个过程中会产生哪些变化，问题会呈现哪些变化，有哪些新的可用资源对解决问题有帮助，尝试构建概念方案。然后设想对象的尺寸变无穷小（S→0）时的情况。

（3）同上，分别想象过程的时间无穷大（T→∞）及无穷小（T→0）时的情况。

（4）同上，分别想象成本（允许的支出）无穷大（C→∞）及无穷小（C→0）时的情况。

2.4.5.4 使用 STC 算子时要注意的问题

在使用 STC 算子时，有以下几个问题需要注意。

（1）请勿改变初始研究对象。研究对象一经确定，在后续分析中就不要随意修改，千万不要在尺寸维度研究组件 A，到时间维度又去讨论组件 B，这样是无法得到问题解决答案的。

（2）应用 STC 算子的目的是揭示对象的新特性能力或属性，因此每个想象试验要分步递增、递减，直到进行到对象出现新的特性。

（3）不能在没有完成所有想象试验时，就因担心系统变得复杂而提前中止，也不要在试验的过程中尝试猜测问题最终的答案。

（4）尺寸、成本及时间以外的特性，如温度、强度或光反射率，可通过类似的方式来进行改变，即先增加到无穷大，然后减少到无穷小。

（5）STC 算子使用的成效取决于主观想象力、问题特点等情况。尽管 STC 算子一般不会直接获取解决技术问题的方案，但它可以让使用者获得某些独特的想法和方向，为下一步应用其他 TRIZ 工具寻找解决方案做准备。

2.4.5.5 STC 算子应用案例

使用活动的梯子来采摘果子的常规方法，劳动量是相当大的。如何让这个活动变得更加方便、快捷和省力呢?

使用 STC 算子，从尺寸、时间和成本这三个角度来考虑问题，做 6 个维度的尝试，如图 2-13 所示。

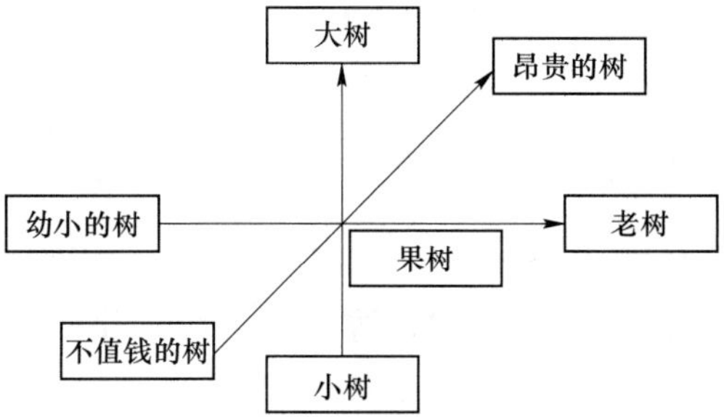

图 2-13 STC 算子方法

（1）假设果树的尺寸趋于零高度，在这种情况下，是不需要活梯的。那么，第一种解决方案就是种植低矮的果树。

（2）假设果树的尺寸趋于无穷高，在折中情况下，我们可以建造通向果树顶部的道路和桥梁。将这种方法转移至常规尺寸的果树上，就可以得出一个解决方案：将果树的树冠变成可以用来摘到果子的形状，比如带有梯子的形状，这样就可以代替活梯。

(3) 假设收获的成本费用必须为零（不花钱），那么最廉价的收获方法就是摇晃果树。

(4) 如果收获的成本费用可以允许为无穷大，没有任何限制，就可以用昂贵的设备来完成这个任务。这种情况下的解决方案，就可以是发明一台带有电子视觉系统和机械手控制器的智能型摘果机。

(5) 如果要求收获的时间趋于零，即必须使所有果子在同一时间落地，这也是可以做到的，如借助轻微爆破或者压缩空气喷射。

(6) 假设收获时间是不受限制的，在这种情况下，不必去采摘果子，而是任由其自由掉落而无损坏即可。为此，可以在果树下放置一层软膜，铺设草坪或者松软的土层，以防止果子落下时摔伤，同时可以让果园地面具有一定的倾斜角度，足以使落地的果子从着地处滚动至某一位置，然后集中。

多角度地看待问题，有助于突破思维习惯的束缚，让许多看似困难、无从下手的问题变得简便，易于解决。

2.5 创新思维方法

创新思维方法的作用就是进行创新思维训练，打破原有惯性；拓宽思路，寻找更多可利用的资源；突破思维定式，找到新的角度，迈出创新的第一步。

2.5.1 一种应用创新思维方法的流程

综合上述 TRIZ 的各种创新思维方法，我们可以总结出一种应用其解决工程问题的创新思维方法流程，如图 2-14 所示。

2.5.2 TRIZ 与传统创新思维方法的区别与联系

2.5.2.1 TRIZ 与传统创新思维方法的区别

传统创新思维方法主要从心理学角度破除思维惯性。

TRIZ 更多地考虑在工程技术领域应用的特点，如强调不使用专业术语，多用儿童可以理解的语言、功能描述等等。

TRIZ 中的创新思维方法服从其核心思想，服务于其分析解决问题的整体思路。例如，IFR 法体现其强调理想效果；九屏幕法强调系统思考和资源分析；小人法强调微观级别的思考；金鱼法强调将幻想方案逐步落实。这些在 TRIZ 的解决问题流程中都有明显的用处。

2.5.2.2 TRIZ 与传统创新思维方法的联系

TRIZ 与传统创新思维各有特点。在解决问题的过程中，鼓励在适用的地方综合运用各种方式，以达到最佳效果。例如按照创新原理进行有方向的发散思维；在特征转移法中，运用收敛思维等。

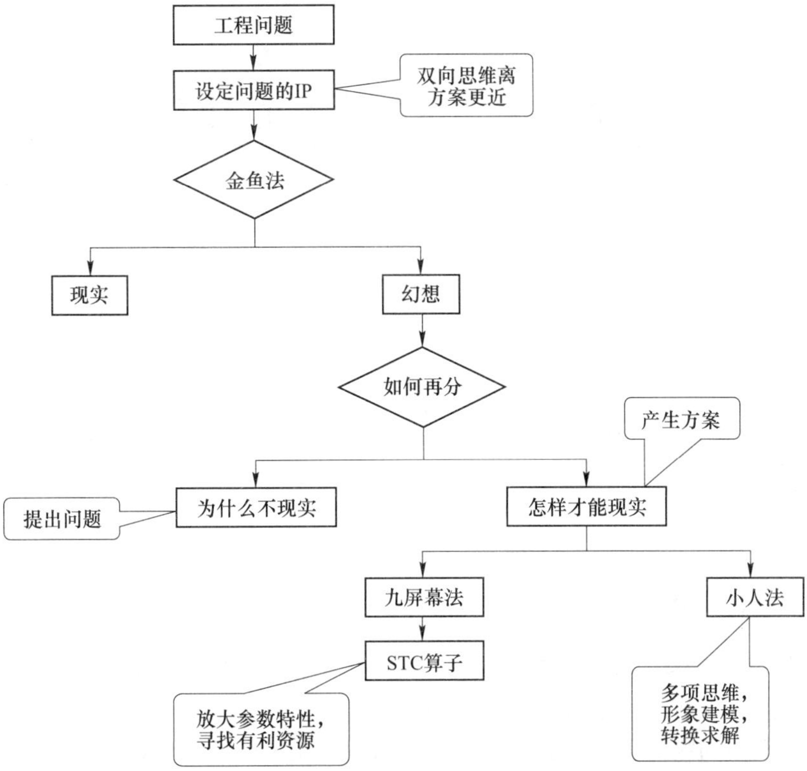

图 2-14 解决工程问题的创新思维方法流程

思 考 题

2-1 思维惯性的表现形式有哪些？

2-2 创新思维的类型有哪些？

2-3 如何在高度约 20m 的棕榈树上方便快捷地割取树汁？以前的方法是人爬到树上割树汁，请用九屏幕法解决此问题。

2-4 请使用金鱼法分析如何“用空气赚钱”。

2-5 农场主有一大片农场，放养大量的兔子。兔子需要吃到新鲜的青草，农场主不希望兔子走得太远而照看不到，也不愿意花费大量的劳动割草运回来喂兔子。这个问题的 IFR 是什么？尝试用 IFR 分析解决问题。

2-6 为了保持草坪平整美观，人们通常都使用割草机。割草机在割草时会发出噪声，消耗能源，产生污染，高速飞出的草或地面上的杂物有时会伤害到劳动者……如何克服上述的诸多缺陷？请用最终理想解来分析。

3 系统功能分析

3.1 系　　统

3.1.1 系统的概述

“系统”一词源于古希腊语，它反映了人们对事物的一种认识论，即系统是由两个或两个以上的元素相结合的有机整体，系统的整体不等于其局部的简单相加。亚里士多德说过：“整体大于部分之和。”“宇宙、自然、人类，一切都在一个统一的运转系统之中！世界是关系的集合体，而非实物的集合体。”这是人们早期对系统最朴素的认知。

随着人们对自然系统认知的加深，形成了系统的原始概念。再由自然系统到人造系统和复合系统逐次地深入形成了系统的概念。朴素的系统观是指一个能够自我完善、达到动态平衡的元素集合（生物链、环境链），如一个池塘。系统一般是一个可以自我完善并且能够达到动态平衡的物品集合，如季节周而复始的变化形成的气象系统。

系统方法是指将事物当作一个整体系统来研究，分析系统各组成部分之间、组成部分与系统之间的有机联系及系统与外界环境之间的关系，综合地、准确地、全面地考察事物，处理问题的一种方法。

系统方法遵循的原则有：整体性原则、关联制约原则、目的性原则、优化原则。

3.1.2 系统层级

系统是由若干要素以一定结构形式连接构成的具有某种功能的有机整体。系统必备的三个条件是：

（1）至少要有两个或两个以上的要素（部分）；

（2）要素（部分）之间相互联系、相互作用、相互依赖和相互制约，按照一定方式形成一个整体；

（3）整体具有的功能是各个要素的功能中所没有的。

系统的层级包含子系统、系统、超系统，即系统是由要素组成的。若组成系统的要素本身也是一个系统（这些要素由更小的要素组成），称为子系统。反之，若一个系统，是较大系统的一个要素，则称较大系统为超系统。

作为一类特殊的系统，技术系统是指人类为了实现某种功能而设计和制造出来的一种人造系统。技术系统由多个子系统组成，并通过子系统之间的相互作用实现一定的功能。

例如：汽车作为一个技术系统，轮胎、发动机、方向盘等是汽车的子系统。而每个汽车都是整个交通系统的组成部分，因此对于汽车而言，交通系统就是汽车的超系统。而如果汽车发动机是一个技术系统，它的子系统就有活塞、气门和曲轴等，汽车则是它的超系统。

任何系统都具有层次结构，系统具有相对性和独立性，对于不同层级具有各自的性质，遵循各自的规律，各层级间相互作用、相互转化。

3.1.3 系统的特征

贝塔朗菲认为整体性既是系统所具有的基本思想观点，而且也是系统共同的基本特征。贝塔朗菲强调，任何系统都是一个有机的整体，它不是各个部分的机械组合或简单相加，系统的整体功能是各要素在孤立状态下所没有的新性质。

3.1.3.1 系统整体性

系统的整体性原理指的是：系统是由若干要素组成的具有一定新功能的有机整体。各个作为系统子单元的要素一旦组成系统整体，就具有独立要素所不具有的性质和功能，形成了新的系统的质的规定性，从而表现出整体的性质和功能不等于各个要素的性质和功能的简单加和。

3.1.3.2 系统层次性

系统的层次性原理指的是：由于组成系统的诸要素的种种差异（包括结合方式上的差异），从而使系统组织在地位与作用、结构与功能上表现出等级秩序性，形成了具有质的差异的系统等级，层次概念就反映这种有质的差异的不同系统等级或系统中的高级差异性。

3.1.3.3 系统开放性

系统的开放性原理指的是：系统具有不断地与外界环境进行物质、能量信息交换的性质和功能，系统向环境开放是系统得以向上发展的前提，也是系统得以稳定存在的条件。

3.1.3.4 系统目的性

系统的目的性原理指的是：系统在与环境的相互作用中，在一定的范围内，其发展变化不受或少受条件变化或途径经历的影响，坚持表现出某种趋向预先确定的状态的特性。

3.1.3.5 系统突变性

系统的突变性原理指的是：系统通过失稳，从一种状态进入另一种状态是一种突变过程，它是系统质变的一种基本形式，突变方式多种多样，同时系统发展还存在着分叉，从而有了质变的多样性，使系统发展丰富多彩。

3.1.3.6 系统稳定性

系统的稳定性原理指的是：在外界作用下开放系统具有一定的自我稳定能力，能够自我调节，从而保持和恢复原来的有序状态，保持和恢复原有的结构和功能。

3.1.3.7 系统自组织原理

系统的自组织原理指的是：开放系统在系统内外两方面因素的复杂非线性相互作用

下，内部要素的某些偏离系统稳定状态的涨落可能得以放大，从而在系统中产生更大范围的更强烈的长程相关，自发组织起来，使系统从无序到有序，从低级有序到高级有序。

3.1.3.8 系统相似性

系统的相似性原理指的是：系统具有同构和同态的性质，体现为系统的结构和功能、存在方式和演化过程具有共同性，这是一种有差异的共性，是系统统一性的一种表现。

3.1.4 系统思维

系统思维就是把认识对象作为系统，从系统和要素、要素和要素、系统和环境的相互联系、相互作用中，综合地考察认识对象的一种思维方法。系统思维不同于创造思维或形象思维等本能思维形态，它能极大地简化人们对事物的认知，给我们带来整体观。

系统思维方式的主要特征是整体性、结构性、立体性、动态性和综合性。

（1）整体性。这是由客观事物的整体性所决定的，是系统思维方式的基本特征，它存在于系统思维运动的始终，也体现在系统思维的成果之中。整体性建立在整体与部分的辩证关系基础上，整体与部分密不可分。整体的属性和功能是部分按一定方式相互作用、相互联系所造成的，而整体也正是依据这种相互联系、相互作用的方式实行对部分的支配。

（2）结构性。这是把系统科学的结构理论作为思维方式的指导，强调从系统的结构去认识系统的整体功能，并从中寻找系统最优结构，进而获得最佳系统功能。系统结构是与系统功能紧密相连的，结构是系统功能的内部表征，功能是系统结构的外部表现。系统中结构和功能的关系主要表现为：系统的结构决定系统的功能。在定要素的前提下，有什么样的结构就有什么样的功能。问题在于，与人相联系的系统的结构决定其功能，表现为优化结构和非优化结构同功能的关系。优化结构能产生最佳功能，非优化结构不能产生最佳功能，这是结构决定功能的一个具有方法论意义的观点。

（3）立体性。系统思维方式是一种开放型的立体思维，它以纵横交错的现代科学知识为思维参照系，使思维对象处于纵横交错的交叉点上。在思维的具体过程中，系统思维方式把思维客体作为系统整体来思考，既注意进行纵向比较，又注意进行横向比较；既注意了解思维对象与其他客体的横向联系，又能认识思维对象的纵向发展，从而全面准确地把握思维对象。

（4）动态性。系统的稳定是相对的。任何系统都有自己的生成、发展和灭亡的过程。因此，系统内部诸要素之间的联系及系统与外部环境之间的联系都与时间密切相关，并会随时间不断地变化。这种变化主要表现在两个方面：一是系统内部诸要素的结构及其分布位置随时间不断变化；二是系统都具有开放的性质，总是与周围环境进行物质、能量、信息的交换活动。因此，所谓的系统处于稳定状态是相对稳定状态，系统始终处于动态之中，处在不断演化之中。

（5）综合性。综合本身是人的思维的一个方面，任何思维过程都包含着综合和综合的因素。然而，系统思维方式的综合性，并不等同于思维过程中的综合方面，它是比“机械的综合”“线性的综合”更为高级的综合。它有两方面的含义：一是任何系统整体都是这些或那些要素为特定目的而构成的综合体；二是任何系统整体的研究，都必须对它的成分、层次、结构、功能、内外联系方式的立体网络进行全面的、综合的考察，才能从多侧面、多因果、多功能、多效益上把握系统整体。系统思维方式的综合已经是非线性的综合，是从“部分相加等于整体”上升到“整体大于部分相加之和”的综合，它对于分析多因素、多变量、多输入、多输出的复杂系统的整体是行之有效的。

3.2 系统分析

系统分析从广义上说就是系统工程。从狭义上说，系统分析就是对特定的问题，利用数据资料和有关管理科学的技术和方法进行研究，以解决方案和决策优化问题的方法和工具。

3.2.1 工程问题

工程是指将自然科学的理论应用到具体生产实践中形成的各学科的总称。狭义而言，就是以某组设想的目标为根据，应用相关的科学知识和技术手段，通过一群人的有组织活动将某个或某些现有实体（自然的或人造的）转化为具有预期使用价值的人造产品的过程。广义而言，就是有一群人为达到某种目的，在一个较长时间内进行协作活动的过程。

工程问题是指在工程领域出现的技术问题。

工程问题具有以下特点：系统组件众多，结构错综复杂，功能繁杂交互，如果孤立静止地分析其某方面问题，得出的结论往往是静止的、片面的、局限的。

人们主要研究两类工程问题：一是新系统的设计；二是已有系统的改进。

3.2.2 系统分析的流程

系统分析是一个对系统功能建模的过程，分析的结果是建立功能模型，明确功能关系，改善功能关系。通常用矩形表示系统功能（组件），用箭头表示功能（组件）之间的逻辑（作用）关系。具体分析流程如下：

（1）对研究的对象和需要解决的问题进行系统的说明，目的在于确定目标和说明方法问题的重点和范围。

（2）收集资料，在系统分析基础上，通过资料分析各种因素之间的相互关系，寻求解决问题的可行方案。

（3）依据系统的性质和要求，建立各种数学模型。

（4）运用数学模型对比并权衡各种方案的利弊得失。

（5）确定最优方案。通过分析，若不满意所选方案，则可按原步骤重新分析。一项成功的系统分析需要对各方案进行多次反复循环与比较，方可找到最优方案。

TRIZ 的系统分析包括功能分析和组件分析两部分：功能分析是从系统抽象的功能角度来分析系统，分析系统执行或完成其功能的状况；组件分析是从系统具体的组件角度来分析系统，分析每一个组件实现功能的能力状况。

TRIZ 系统分析流程如图 3-1 所示。

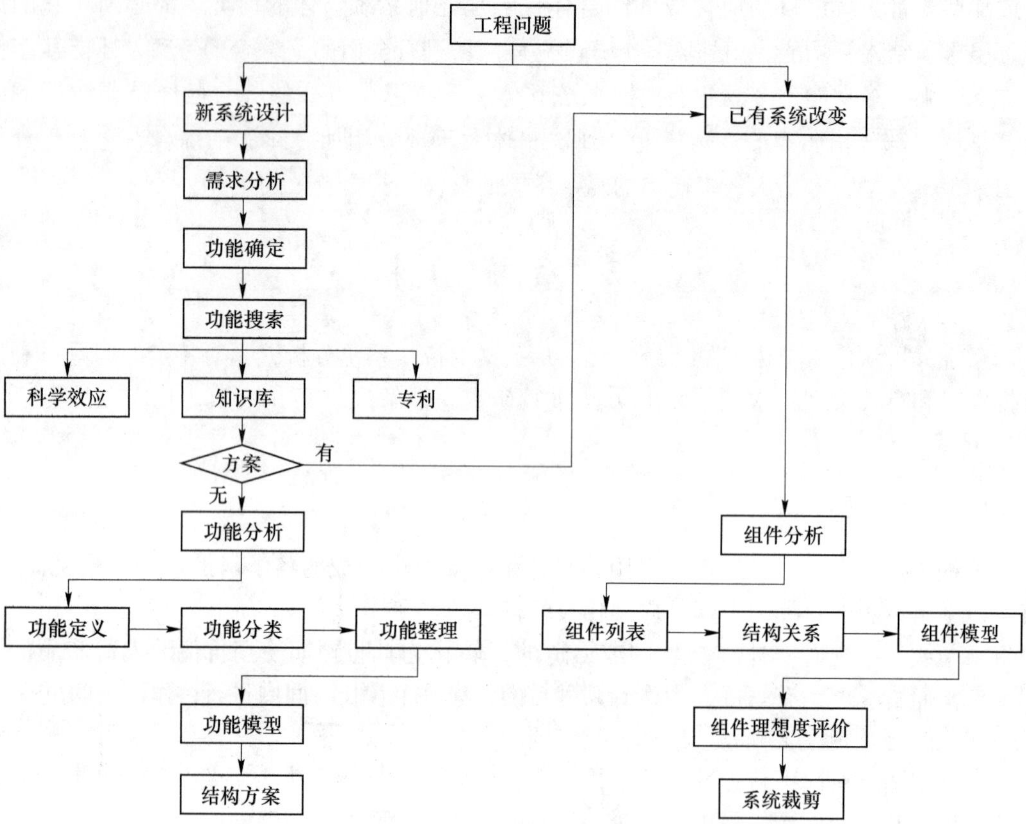

图 3-1　TRIZ 系统分析流程

3.3　功能分析

3.3.1　功能概述

“功能”这个概念首次提出是在 19 世纪 40 年代，由美国通用电气公司的工程师迈尔斯提出，并将它作为价值工程研究的核心问题，他将功能定义为“起作用的特性”，他认为顾客注重的并不是产品的本身，而是产品的功能。关于功能的定义还有许多种，如“功能的定义是物品能够满足其使用者或雇主的所需的一种属性”“特指事物或想法所带来的有利作用”“功能是为了服务生活所赋予的一种特殊属性”等。从上述定义可以看出，功能是对产品或物件具体使用或具体作用的抽象描述，它体现了生活中的某种需要，功能应当是开发者开发这个产品时首先所需要考虑的因素。

功能的由来有两种：一种是人们的需求，另外一种是人们从实体结构中抽象出来的。人们的需求是主动地提出功能，结构中抽象是被动地挖掘出功能。如汽车、飞机的出现，最初不是人们想要利用其运载人或物，而是随着时代的发展，人们逐渐发掘出其功能。因此，广义的功能定义为：研究对象能够满足人们某种需要的一种属性。

例如冰箱具有满足人们“冷藏食品”属性，起重机有帮助人们“移动物体”的属性。

任何产品都具有特定的功能，功能是产品存在的理由，产品是功能的载体；功能附属于产品，又不等于产品。功能是一种产品或服务的天然的、特有的属性，是产品设备或服务按预期设计或设想的方式所引起的作用。

功能作用是产品设计的初衷。产品概念设计阶段的主要任务就是明确用户或顾客对生活中某件事的特殊需求。其关键步骤是将用户的需求转换成对一个产品的功能需求，就是对产品或技术系统特定工作能力抽象化的描述。它与产品的用途、能力性能等概念不尽相同。功能一般用“动词+名词”的形式来表达，动词为一主动词，表示产品所完成的一个动作，名词代表被操作的对象，是可测量的。

例如，钢笔的用途是写字，而功能是存送墨水；铅笔的用途是写字，功能是摩擦铅心；毛笔的用途是写字，功能是浸含墨汁。

功能的描述应符合以下要求：

（1）简洁准确。功能的描述必须做到简洁明了，可以准确地体现出功能的本质，与其他的功能有较为明显的区别。例如，传动轴的功能是“传递扭矩”，变压器的功能是“转换电压”。对动词的部分要求概括明确，对名词部分要求便于测定。

（2）定量化。其定量化简单来说就是将一些复杂、难测定的功能，用可以测定数量的文字语言来进行描述。定量化是为了表述功能实现的水平或程度。当然，在许多情况下，是很难对功能进行定量化描述的。

（3）抽象化。功能的描述是有利于拓展设计人员的一些创新的设计思路，描述越抽象就越能促进设计人员打开脑洞，寻找种种可能实现功能的方法。例如，在设计压具时，可以有多种压下方式，如果描述为“机械压下”，则会想到“杠杆压下”“螺旋压下”等方法；如果抽象一点描述为“压力压下”，则会想到更多的方法如电动压下、气动压下、液压压下，设计方案会有更多的选择。

功能是在现在科学技术所能实现的角度下对设计产品的一种理解，是在技术系统对外界输出时对外界做出改变的一种描述。对于一个技术系统或者产品而言，功能表现为系统具有能量转换、信息传递、物质交流的特性，即技术系统的输入量和输出量之间的关系，如图 3-2 所示。

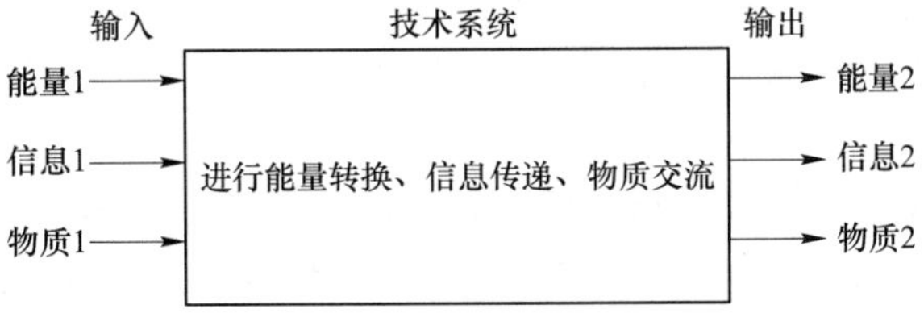

图 3-2　技术系统功能示意图

功能分为基本功能和辅助功能，其基本功能又称主要功能，是根据外界环境的需求通过系统来改变输出的参数从而达到人们的需求。技术系统提供给系统作用对象的功能是系统设计的目的。辅助功能是各个组件之间产生的关系、相互作用的结果。例如一副眼镜，其基本功能是（镜片）折射光线，辅助功能是（镜框）支撑镜片、（镜腿）支撑镜框、（鼻子）支撑镜框、（耳朵）支撑镜腿。每个系统都有其主要功能和辅助功能。

3.3.2 功能的特征

从功能的本质上来说功能具有抽象性与具体性。

功能的抽象性是指人脑对产品能够满足人们某种需求的属性的认知和意识。

功能的具体性是指某一产品为完成某一功能的具体结构、表现、作用等。

从功能的认知来说功能具有主观性与客观性。

功能的主观性：功能作为“满足某种人们需求的一种属性”与人的主观感受相关，因此是主观的。

功能的客观性：功能作为一种属性，也就是研究对象本身所固有的性质，因此是客观的。比如一个产品，一种结构一旦出现，与之俱来的属性也就确定。

从系统的层级上来说功能具有整体性与局部性。

功能的整体性：以局部功能为基础，具有各局部功能均不能呈现的新的特性——整体性。

功能的局部性：是实现总体功能的手段，独立实现某一特定功能，具有为总体功能服务的鲜明的目的性，整体与局部具有相对性。

功能具有无效性与破坏性。

无效性是指产品中存在与用户需求的功能无关的功能。任何局部功能的多余或过剩，都将无法单独发挥作用而处于一种无效状态，而且还得为此支付成本。

如某塑料厂有一项指标是能耐-40℃的低温，可该产品并没有在这种气候下使用，对用户来讲就是多余过剩的功能。

破坏性是指任何局部必要功能的缺少或不足，都将影响整体功能的发挥，对功能系统具有破坏性，影响到用户的使用效果。

如太阳能汽车。受制于太阳能效转换的问题，汽车必须轻，必须风阻小，而且有一面积较大的太阳能接收板，导致动力系统提供功能不足，无法实现长距离与高速度并存的行驶。

功能具有载体替代性。

功能载体替代的含义：是对实现功能原有载体（产品、工艺、方法、手段等）的替代。功能载体替代是在产品或产品的局部结构上，以功能创新的新结构替代原有的结构。

功能载体替代的意义：在功能分析的基础上，寻找实现每一功能的各种替代方案，并以各替代方案的费用为标准，对原来的费用（即功能现实成本）有效程度进行测定，若对技术（功能）上可替代的各种方案按费用高低由小到大排出顺序，则可找到功能可替代的最低成本，从而确定实现功能的目标成本。

如手表的改进。用微电池取代发条装置，同样实现了提供动力的功能，这一改动只节约10%的零部件，可是这局部功能载体的替代性，使得机械表发生了质的变化，一代创新产品——电子表应运而生。

3.3.3 功能模型分析

功能模型分析是指对系统进行分解，得到标准、不足、过剩、有害作用，帮助工程技术人员更详细地理解工程系统中部件之间的相互作用。

由设计的观点看，任何系统内的元件必有其存在的目的，即提供功能。运用功能分析，可以重新发现系统元件的目的和其性能表现，进而发现问题的症结，并运用其他方法进一步加以改进。

运用功能分析，将已有产品或基础产品，以模块化的方式，将功能和元件具体表达出来。功能模型建立的过程分为两步：第一步确定元件、制品、超系统；第二步进行作用（或连接）分析。

在功能模型中，元件、制品与超系统以形状区别。矩形代表元件，六棱形代表超系统，圆角矩形代表制品（见图 3-3）。

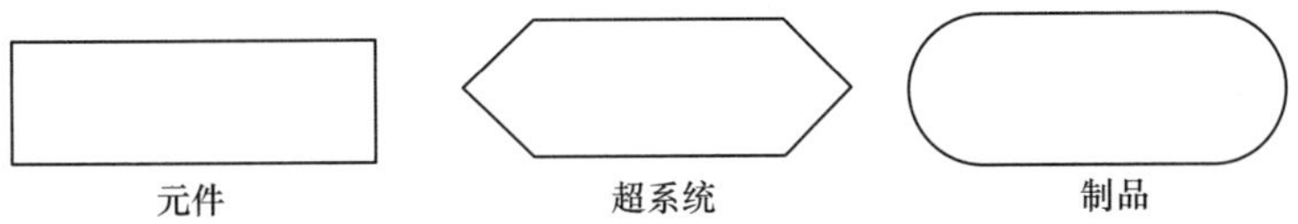

图 3-3　元件、超系统及制品的图形表示

（1）元件。元件是所设计系统的组成分子。如同一个产品的组成零件，小到齿轮、螺母，大到一个由许多零件组成的系统，都可以认为是一个元件。

（2）制品。制品是系统所要达到的目的。

例如：汽车的主要功能是载货或载人，因此，该系统的目的或制品是货物或人。

杯子的主要功能是装流体，因此，制品是流体。

电灯的主要功能是照明，因此，制品是光。

笔的主要功能是书写，因此，制品是墨水。

手表的功能是计时。时间是抽象的概念，不能作为制品，因此，这里的制品是时针、分针、秒针。根据它们的位置，才产生时间的概念，因此，以此作为制品才是恰当的。

（3）超系统。这是影响整个分析系统的要素，但设计者不能针对该类要素进行改进。

例如：在公共汽车系统中，发动机、轮子、车身、底盘等为元件，人为制品，路面为超系统。

通过建立产品功能模型的过程，可以发现有害作用、不足作用及过剩作用，之后应用 TRIZ 中的发明原理、分离原理、标准解以及相应的知识库等解决，最后完成现有产品的改进设计，推进产品进化的过程。

建立产品功能模型的过程为：

第一步：选定现有产品或系统以及与之有输入/输出关系的各超系统。

第二步：确定系统与各超系统的输入与输出及系统的制品。

第三步：确定各功能元件。通常简单系统较容易确定各功能元件。

第四步：确定各个作用并判断其类型。

第五步：将作用连接各功能元件并绘制系统功能模型。

该过程的核心是第三步。

思 考 题

3-1 举例说明什么是系统的整体特征。

3-2 简述系统分析的意义。

3-3 功能分析是 TRIZ 中的重要工具，在功能分析中，识别系统的作用对象是其中一个重要环节。请问家用吹风机的作用对象是什么？

4 组件分析

组件分析是一个过程。它是从一个需要分析的系统开始的，从构成系统的最小组件入手，将系统组件按类分组，根据组件的作用将组件间的关系标明，再把各个组件的功能作用标出，最后构建出完整的系统功能模型。组件分析是创新出一个产品的重要步骤，因为组件分析有四大优点：

（1）优化结构，将各个组件根据功能作用及相互间的联系合理的组合；

（2）根据合理搭配寻找最优解降低成本，提高组件的利用价值；

（3）可以寻找出利用价值最低的、功能作用最小的且可以用其他简便的组件来代替或者有相似组件可以代替行使的组件，实施裁剪，简化系统；

（4）优化系统，用最少的系统组件来获得更多的价值，提升系统理想度。组件分析可以帮助设计人员去掉多余的组件，清晰明确各组件的功能作用和联系，更好地进行创新设计。所以组件分析的方法在众多领域得到了广泛应用。

在组件分析的过程中，首先我们要列出组件列表，然后再进行作用分析，最后就是建立组件模型。

4.1 组件列表

4.1.1 DAOV 分析阶段

DAOV 分析阶段包括定义（Define）、分析（Analyze）、优化（Optimize）、验证（Verify）。DAOV 路线图是我们分析产品事物的一种常用方式，在它的指导下可以将复杂的问题抽丝剥茧简单化，在我们创新的初期许多问题都是依靠着 DAOV 路线图来解决的。

在分析阶段首先是成本分析，在这个过程中我们必须考虑到各个方面的问题。所以在成本分析时有七个方面要考虑到：TRIZ/CAI 综述；组件分析；功能分析；IFR 分析；组件价值分析；系统裁剪分析；Pro/Innovator 系统分析模块。同时还有因果分析、资源分析、Pro/Innovator 问题解决模块。

发现问题和优化问题，这里我们就要运用到创新思维、技术矛盾、物理矛盾、Pro/Innovator 创新原理模块、物场分析和标准解、ARIZ。发现问题后需要运用辩证的眼光去看待，就好比我们不能只看到问题的一面，当我们将问题抽象化后则会想到更多更好的设计方案。

最后再是运用知识库分析，在庞大的知识库中去对比验证。

4.1.2 功能思维模式

功能思维模式是一个创新人员必不可少的思维模式，一个年轻的工程师在分析一个系统时会对其中的组件比较感兴趣，而经验老道、阅历丰富的工程师会更加注重组件的功能作用，见图 4-1 和图 4-2。

这就告诉我们不仅要重视系统中众多的组件，更要注重其系统组件中的功能。

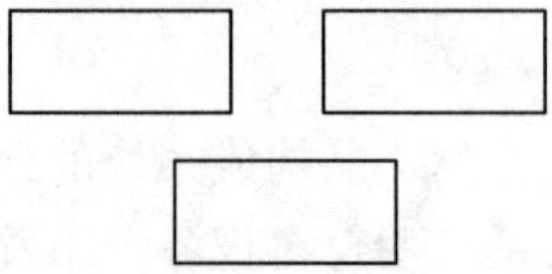

图 4-1　年轻思维

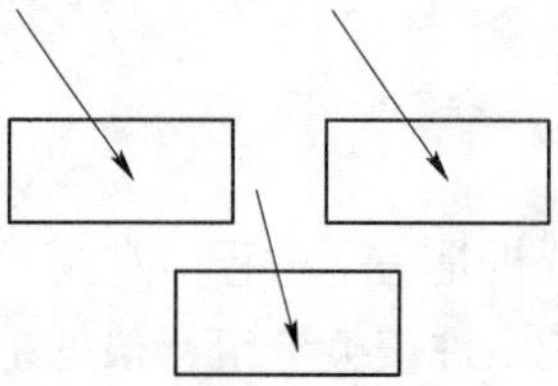

图 4-2　经验丰富

4.1.3　系统

系统是一个动态和复杂的整体，是相互作用结构和功能的单位。一个完整的系统应该包括超系统、技术系统、子系统，其中组件是最小的构成单位，组件是技术系统的组成部分，组件执行一定的功能可以等同于系统的子系统。系统的作用对象也称系统的功能受体，由于系统执行的功能导致其参数被改变的组件属于特殊的超系统组件。图 4-3 为系统实例图。

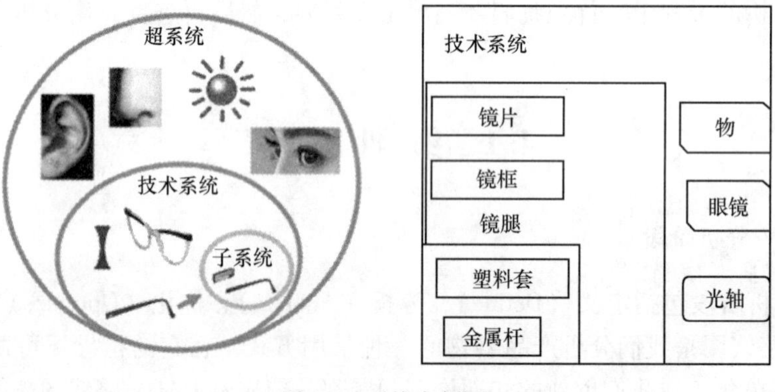

图 4-3　系统实例图

在图 4-3 中，矩形框代表系统组件，对角矩形框（六棱形）代表的是超系统组件，圆角矩形框代表的是系统作用对象，每个组件都有其独特的功能，设计人员只需将各类组件“排列组合”就可以组成一个新的系统也就是一件新产品的原始模型。

建立组件列表是为了描述系统组成及系统各组件的层级，组件列表的建立方便了设计过程。

4.1.4　建立组件列表的规则

在我们建立某些东西时就必须遵守一些特定的规则，同样建立组件列表时我们也需遵守一些属于它的规则，无规矩不成方圆。在建立组件列表时需要遵守以下规则：

（1）在特定条件下分析具体的技术系统。

（2）根据技术系统组件的功能作用和组件间的联系建立组件列表。

(3) 根据层次等级建立初始的组件列表，然后进一步分析完善组件表。

(4) 组件列表包含了超系统的某些组件，该组件需与系统组件有相互作用关系。

(5) 技术系统生命周期的不同阶段具有不同的超系统，针对技术系统的各个生命周期阶段，可建立独立的不同的组件列表。

例如，我们以一个可乐瓶为研究对象，特定条件为一个人喝放在桌子上的一瓶可乐，那么先根据规则建立初始的组件列表，把所有组件列出来，组件有瓶体、瓶盖、标签、可口可乐、人、桌子，接着分类归为系统组件、超系统组件、子系统组件以及系统作用对象，最后按照参数完善整个系统，见表 4-1。

表 4-1　可乐瓶组件列表

超系统组件	系统组件	子系统组件	子子系统组件
桌子	瓶盖		
人	瓶体		
可口可乐	标签		
空气			

4.1.5　组件列表的模板

首先组件列表包含了技术系统以及其主要功能、超系统组件、系统组件、子系统组件、子子系统组件。经过归纳、总结出下面的模板，如图 4-4 所示。

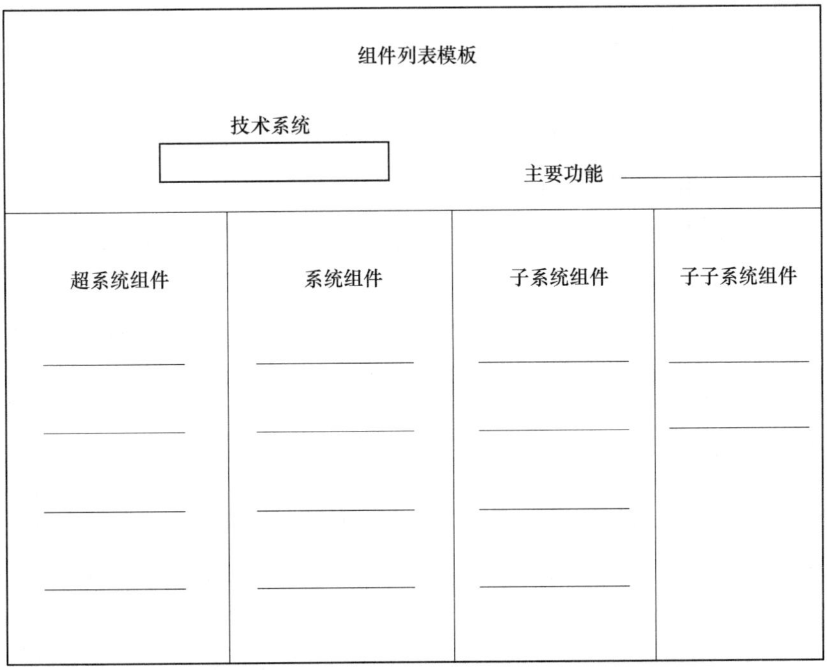

图 4-4　组件列表模板

4.2 作用分析

在组件分析过程中作用分析扮演了重要的角色，它把原本理不清的关系变得通畅、条理分明。作用分析用来明确各个组件间的关系，通过分析组件的作用来将各个组件联系起来。作用分析基于组件列表，在组件列表的基础上作用分析可以更快地完成，因为组件列表将各个组件已经分类排好让人一目了然。通过对每个组件的分析来明确每个组件在系统中的作用以及各个组件之间的联系，从而在其中发现新的功能。

4.2.1 作用分析的原则

作用分析是产品创新和产品设计过程中必不可少的，是一个成熟产品根据人们的日常需求所做的功能作用分析，在产品设计和分析中具有非常重要的作用，在进行作用分析时需要遵守以下几方面的原则：

（1）基于组件列表画出系统组件之间、组件与超系统之间的相互关系，进而建立组件的作用关系。

（2）通过组件列表将各个组件的作用功能关系和它们之间的相互联系都表示出来，建立作用关系矩阵和表格。

（3）在技术系统生命周期的各个阶段，都可建立独立的、不同的组件列表、作用关系。在技术系统发展的整个生命周期中，通过分析组件与组件之间的相互作用，以及组件各个层次的作用联系，发现系统的新作用从而进行创新。

（4）填写作用表格时，需对组件之间的相互关联、作用关系做出评价，依据每个功能对系统主要功能的关系分为有用作用、有害作用、中性作用。

（5）作用关系中组件间的作用可以有多个。

（6）若作用关系中的某个组件只与一个组件有直接联系，要从作用关系中将该组件去掉，把它作为与其有关系的组件的子系统。

（7）组件列表中存在这样的组件——它与系统中其他的组件都没有关系，要从作用关系中将该组件去掉。

4.2.2 作用分析的模板

作用分析的模板包括组件作用矩阵和组件作用表格，组件作用矩阵是为了检查每对组件之间的关系，组件作用表格是为了详细描述这对组件之间的相互作用关系。图 4-5 为作用分析模板。

采用图 4-5 所示模板分析可乐瓶，将组件列表中的各个组件写入矩形框内，然后再将组件与组件之间的关系在网格上标出，再写入表格中，如图 4-6 所示。

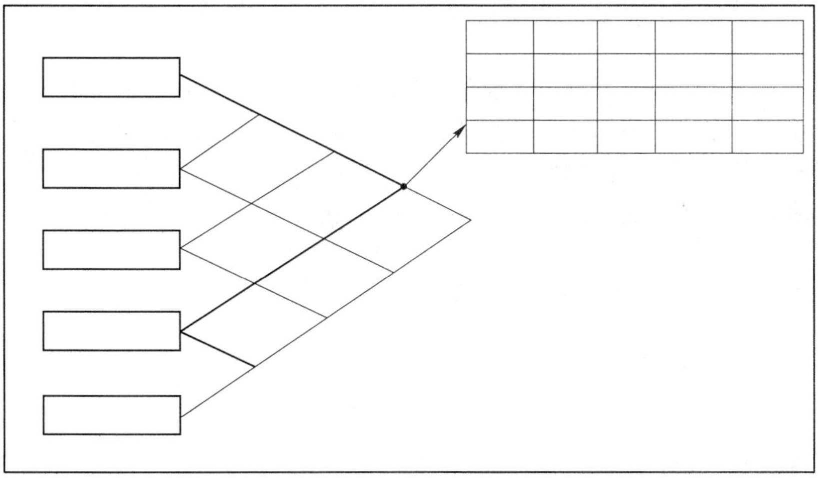

图 4-5 作用分析模板

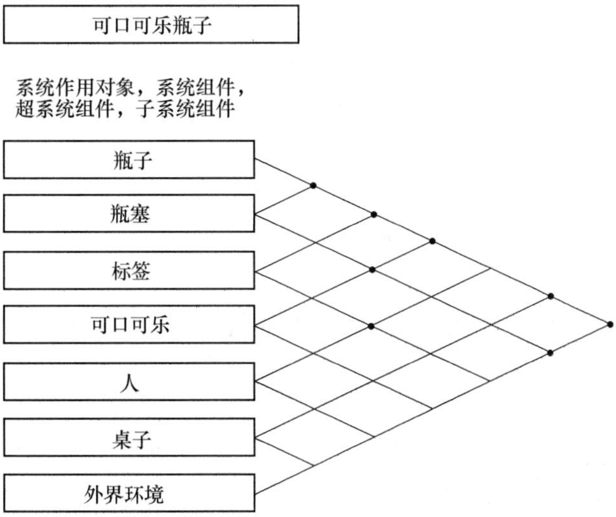

名称		图片	功能		功能属性			
					充分	不足	过度	有害
①	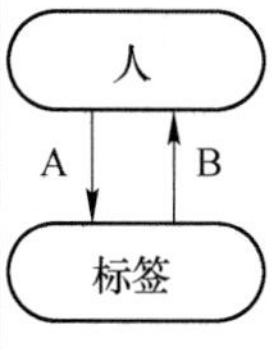		A	看		√		
				—	—	—	—	—
			B	通知	√			
				—	—	—	—	—

图 4-6 可乐瓶结构关系

4.3　组 件 模 型

通过组件列表、作用分析以及一些系统组件参数来建立组件模型，用完整、系统的功能描述，来阐释整个技术系统各个组件之间的相互联系和作用关系，以及怎样去实现这个系统所带来的功能。建立组件模型是产品设计过程中最直观的产品体现。一个产品被设计出来必将带有它独特的功能，例如椅子被设计出来就是用来坐的或者说是用来休息和方便人们生活的，手机用来交流上网，汽车用来代步，雷达用来探索等等。要建立组件模型一定要弄清楚“功能”定义以及组件的功能关系。

4.3.1　组件模型的功能

每个组件都有其自己的功能，作用分析用来阐述组件之间的相互联系和作用关系，而功能则是组件之间联系的纽带。

4.3.2　建立组件模型的原则

建立组件模型基于组件列表和作用分析的完成，在模型建立的过程中需要遵守如下原则：

（1）针对有特殊背景下的具体技术系统进行功能作用的描述。

（2）功能是在作用中体现的，在功能描述中必须有动词反映该功能，在描述过程中需要采用体现作用的、明确的和肯定的动词。

（3）功能之所以存在的条件是其对外做功改变受体的某些参数。

（4）功能阐述包括对外作用与作用对象。需要表述功能作用的词语，必须要明确的表达功能作用的受体要做什么。

（5）在陈述功能时可以增添补充部分，指明功能的作用区域、作用时间、作用方向等等。

在建立组件模型时需要将各组件间的所有功能关系全部展示，形成系统功能模型图。在图中箭头表示方向，直线表示充分（或用黑色）、虚线表示不足（或用绿色）、+号线表示过度（或用蓝色）、波浪线表示有害（或用红色）。

分析经典案例可乐瓶，如何在可乐瓶上建立一个组件模型，通过组件列表、作用分析、功能分析，将所有信息展现在一个模型之中，如图 4-7 所示。

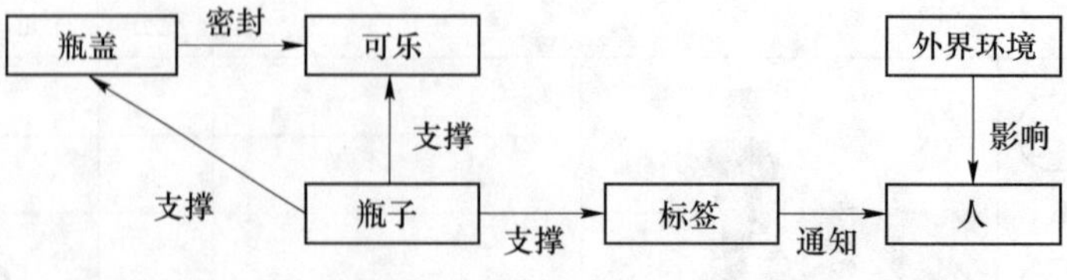

图 4-7　可乐组件模型图

组件列表：瓶子、瓶盖、标签、人、外界环境、可乐。

作用分析：瓶子——储存可乐；

瓶盖——密封；
标签——通知；
人——功能受体；
外界环境——通过温度、生活环境影响人；
可乐——功能受体。

4.4 本章小结

通过本章的学习我们需要了解组件列表——系统及超系统包含哪些组件，作用分析——建立组件之间的作用关系，组件模型——用规范化的语言描述系统所有组件之间的作用关系。组件列表、作用分析、组件模型，都是建立在前一个已经完成的基础之上。在组件列表中学到了什么是组件，将所有系统中的组件列出来就建立成了组件列表。通过作用分析，分析各组件间的相互作用关系，分析每个组件的功能作用，通过组件列表将组件之间的关系明确。建立组件模型，了解功能的定义以及功能的作用，建立模型是建立在组件列表和作用分析之上。

我们可以将组件分析这个过程看作一个工程问题，从组件—功能角度来看就需要做组件分析、组件结构分析、组件功能分析；从功能—组件角度看可以快速寻找待改进功能，映射到结构、组件分析；从功能—结构角度看可以快速建立功能结构图，映射到具体结构。可以通过模板进行创新的设想到整个方案具体化，可以大大减少具体化的时间，提高效率，降低人力成本。

思 考 题

4-1 请简述组件分析的流程。

4-2 医院里重症患者经常要在手术床、B 超检查床、CT 机床及病床等之间转换床位。目前在实际操作时仍依靠人力搬运，往往需要 4 名以上医护人员进行搬抬，这样不但容易造成患者的损伤，而且降低了搬抬效率，占用大量医护人员。请分析构建该技术系统的结构关系和组件模型。

5 系统裁剪法

按照 Altshuller 对产品进化定律的描述，产品的进化方向是先向复杂化发展，然后再向简单化发展。在产品的升级进化过程中精简组件、简化系统可以通过系统裁剪来完成。因此系统裁剪在产品进化过程中占有不可替代的地位，它可以体现在系统组件经过精简或裁剪后，组件减少、系统简化且系统依旧可以高效高质量的完成工作。裁剪是 TRIZ 中能够以低成本实现系统功能的重要方法之一，其基本原理是通过删减系统中存在问题的组件实现系统的改进。

5.1 裁剪原理和过程

5.1.1 裁剪原理

裁剪是通过裁剪系统的某个组件，然后把该组件提供的有用功能重新分配到其他剩余的组件及超系统组件上，来改善技术系统。

由组件分析得到的一些存在于已有产品的小问题可以通过系统裁剪来解决。经过裁剪，将有问题的功能对应的组件删减，改善整个功能模型。组件被裁剪之后，这个组件原来的所需要提供给系统的功能必须要由组件或新组件来提供，当然也可以视情况采用以下方式处理：

（1）由系统中其他组件或超系统来实现；

（2）由受作用组件自己来实现；

（3）删除原来组件实现的功能；

（4）删除原来组件实现功能的作用物。

理想组件（无成本/耗费）如图 5-1 所示。

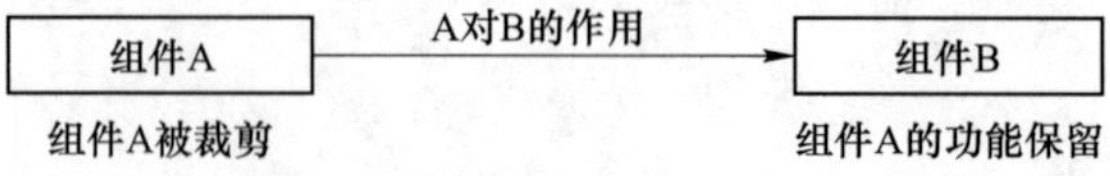

图 5-1　理想组件图

例如，图 5-2 是已经建立好的刮胡刀的功能模型。将刮胡刀手柄裁剪掉后，得到图 5-3 裁剪后的功能模型。原来模型的组件手柄它的功能直接由系统中其他组件“手”来实现了，这样就裁掉了手柄也保留了它的原有功能，简化了系统。

从上面图 5-2 和图 5-3 可以看出它将手柄删减了，并由超系统的“手”代替手柄完成了它的功能，简化了整个系统并保留了它最完整的功能。进行系统裁剪的目的有下面几点：

（1）精简组件数量，降低系统成本；

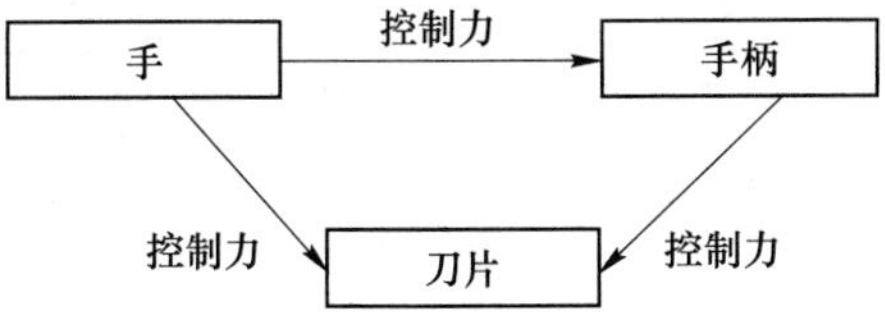

图 5-2 刮胡刀功能模型图

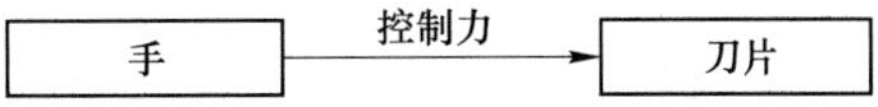

图 5-3 裁剪后的功能模型图

（2）优化功能结构，合理布局系统架构；
（3）体现功能价值，规避竞争对手专利；
（4）提高系统的理想化程度。

从进化的角度分析，组件功能的裁剪一般发生在原先产品功能模型导出的最终理想模型不能转换为实际产品的时候，其中要考虑到现在的技术水平以及要把利益最大化。Grawatsch 用以下问题来描述裁剪过程，如表 5-1 所示，将这些问题分别对应技术系统的不同进化模式，从而定义产品功能的理想化程度，应用裁剪与预测技术寻找中间方案。

表 5-1 功能裁剪的问题对应于技术进化的模式

进化定律	对应的裁剪问题
技术系统的进化四阶段	是否有必要的功能可以删除?
增加理想化水平	是否有操作组件可以由已存资源（免费、更好、现在）替换?
零部件的不均衡发展	是否有操作组件可以由其他组件（更高级）替换?
增加动态性及可控性	是否系统可以取代功能本身?
通过集成以增加系统功能	是否一些元件的功能或元件本身可以被替代?
交变运动及和谐性发展	是否有不需要的功能可以由其他功能所排除?
由宏观系统向微观系统进化	是否有操作组件可以由其他组件（更小的）替换?
增加自动化程度，减少人的介入	是否有不需要的功能可以由其他功能（自动化控制的）所排除?

5.1.2 裁剪过程

通过组件分析建立产品的组件模型以后，对模型中的组件逐一进行分析，确定裁剪对象和顺序。首先要确定裁剪的对象，要保证裁剪掉的组件其功能可以由其他组件代替，通过功能分析我们可以从以下几个方面优先裁剪：

（1）价值最低的组件；
（2）提供辅助功能的组件；
（3）实现相同功能的组件；
（4）具有有害功能的组件。

选择这四个方面的组件开始进行裁剪，实施裁剪的前提是确保被裁剪组件的有用功能重新分配。通过组件分析、功能分析、系统裁剪的原理并结合 Darrell Mann 的裁剪过程，可以给出七个问题来描述功能裁剪的具体过程，如表 5-2 所示，用这七个问题来考量这个组件的功能该不该删减，能不能删减，并在具体的操作过程中规范了裁剪的顺序与原则，指导裁剪动作的实施。

表 5-2　功能分析中裁剪的问句、顺序和原则

<table>
<tr><th>裁剪的问句</th><th>裁剪的顺序</th><th>裁剪的原则</th></tr>
<tr><td>此元件的功能是否是系统必需的?</td><td rowspan="7">（1）许多有害作用、过剩作用或不足作用关联的元件应裁剪掉，那些带有最多这样功能（尤其是伴有输入箭头的，即元件是功能关系的对象）的元件是裁剪动作的首要选项。
（2）不同元件的相对价值（通常是金钱）。最高成本的元件代表着最大的裁剪利益的机会。
（3）元件在功能层次结构中所处的阶层越高，成功裁剪的概率就越高</td><td rowspan="7">（1）功能捕捉。
（2）系统完整性定律。
（3）耦合功能要求。
1）实现不同功能要求的独立性；
2）实现功能要求的复杂性最小</td></tr>
<tr><td>在系统内部或周围是否存在其他元件能完成此功能?</td></tr>
<tr><td>是否已有资源能完成此功能?</td></tr>
<tr><td>是否存在低成本可选资源能完成此功能?</td></tr>
<tr><td>是否此元件必须能与其他元件相对运动?</td></tr>
<tr><td>是否此元件能从与它的匹配部件中分离出来或材料不同?</td></tr>
<tr><td>是否此元件能从组件中方便地装配或拆卸?</td></tr>
</table>

系统裁剪在分析产品功能的过程中占据着重要地位，其目的是为了研究这个系统中组件的功能是否被系统所需要，若是系统必需，是否可以由系统中其他组件代替完成此功能。一种产品的功能模型经过裁剪后可能会出现多种不同的裁剪后模型，因为裁剪后会有更多的模型，所以会帮助设计者开拓思路，更好地进行创新设计。设计中的重要突破，成本或复杂程度的显著降低往往是功能分析与裁剪的结果。

5.1.3　基于裁剪的产品创新设计过程模型

系统裁剪是一种精简系统、进化系统的方法，就是研究每个组件的功能是不是必需的，若是必需的，是否可以由系统中其他组件代替完成此功能，从而删减一些不必要的功能和组件。裁剪后的系统更加精简，所需的成本更低，而系统的性能保持不变或更好，裁剪使产品或工艺更适合理想的解决方案。

应用裁剪主要针对现有产品，通过执行功能分析和删除有问题的功能部件来改进功能模型。裁剪会产生更加理想的功能模型，也可能产生一些新问题。针对出现的新问题，可以使用其他 TRIZ 工具来解决它们。图 5-4 是基于裁剪的产品创新设计过程模型，主要包括下列步骤：

第一步：选择现有的产品。

第二步：对选定产品进行功能作用的分析，建立功能模型，并根据功能模型进行分析，筛选出有有害功能、效果不足、过度无用的功能组件。

第三步：使用裁剪规则分析并确定裁剪顺序，然后执行裁剪并删除该功能元件。

第四步：确定裁剪后会发生什么问题。如果裁剪后没有问题，请执行第六步，否则执行下一步。

第五步：分析裁剪所引起的问题，使用 TRIZ 的其他工具（发明原理、效应、标准解等方案）来解决问题并开发创新概念。

第六步：确定新设计是否符合要求。如果满足要求，则过程结束，否则接第二步继续进行功能分析并发现问题。

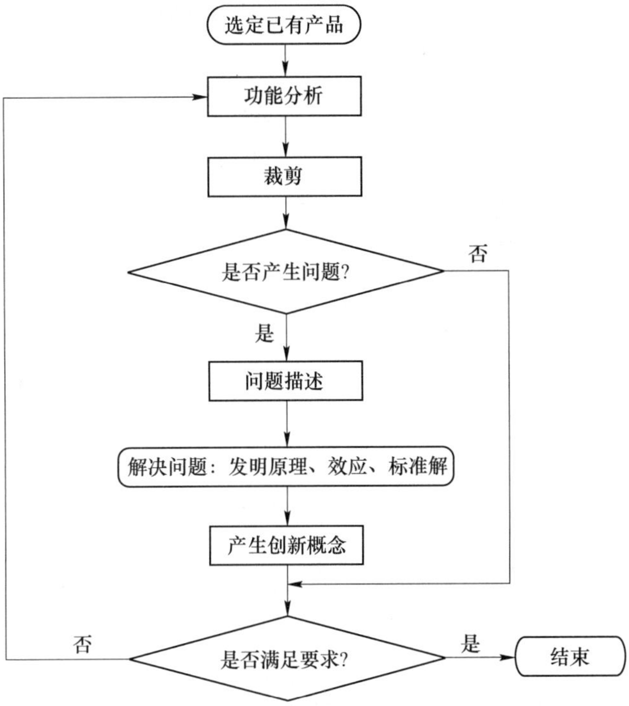

图 5-4　产品创新设计过程图

5.2　裁剪实例分析

5.2.1　眼镜

此案例是现实生活中常见的一个物件——眼镜，近年来全国各个省市近视人口逐年增加，近视的人群越来越年轻化。目前，中国眼镜行业市场容量达 400 亿人民币，中国不仅已经成为世界潜力最大的眼镜消费大国，而且已成为世界领先的眼镜生产大国。在全国，老年人已超过了 1.3 亿，这些人中 90%都需要眼镜，在校大学生为 2000 多万人，其中至少 80%的人需要眼镜。眼镜实物图如图 5-5 所示。

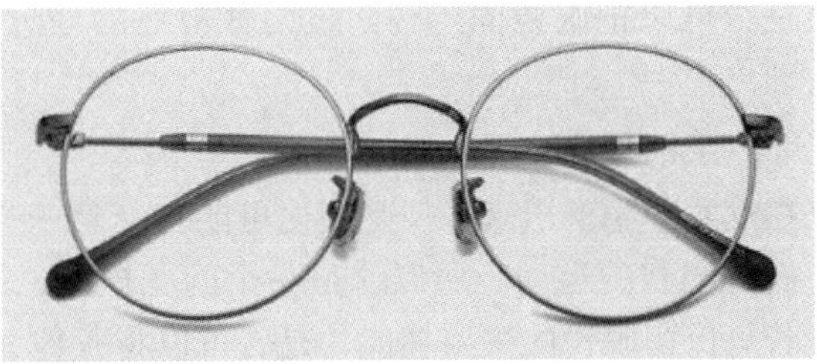

图 5-5　眼镜实物图

5.2.1.1 功能分析

对眼镜进行功能分析，将眼镜中的所有元件列出并确定每个元件间的相互作用。然后再绘制出系统功能模型图如图 5-6 所示。

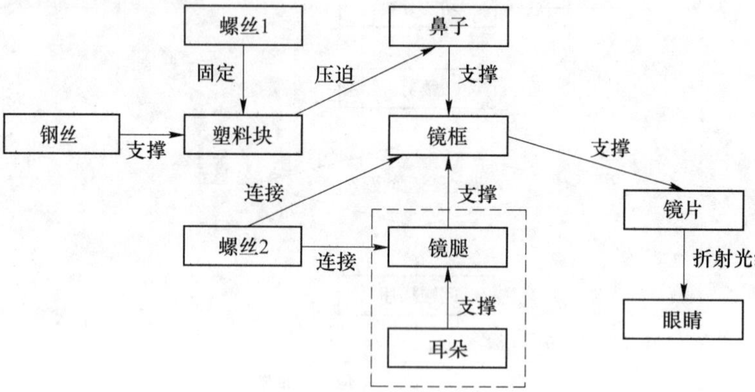

图 5-6 眼镜系统功能模型图

选择功能价值较低、有害、作用不足、作用过度的组件进行裁剪，列表 5-3 将元件功能进行汇总。

表 5-3 功能元件汇总

元件	作用	作用对象	作用类型	是否存在问题
钢丝	支撑	塑料块	有用作用	
螺丝 1	固定	塑料块	有用作用	
螺丝 2	连接	镜框	不足作用	
塑料块	压迫	鼻子	有用作用	
鼻子	支撑	镜框	有用作用	
镜框	支撑	镜片	有用作用	
镜腿	支撑	镜框	不足作用	√
耳朵	支撑	镜腿	不足作用	√
镜片	折射	眼睛	有用作用	

5.2.1.2 裁剪建立理想模型

从表 5-3 中可以得出螺丝 2、镜腿、耳朵的功能是可以修改和裁剪的，那么如果去掉镜腿也不要用到耳朵，是否可以把眼镜固定住。最终裁剪后的理想模型图如图 5-7 所示。图 5-8 为特殊情况简化图。

5.2.1.3 提出问题，寻找解决方案

理想产品模型可以在现实中生产出来，但是用途可能会受到一些影响，一般是应用在比较安静的场景之中，没有剧烈的运动，所以这是一个问题模型，那么利用 TRIZ 工具解决问题，得到创新解。若只保留眼镜的主要功能，是否可以将其他元件统统裁剪掉，剩下主要功能（将光线折射入眼中）。则模型如图 5-9 所示。

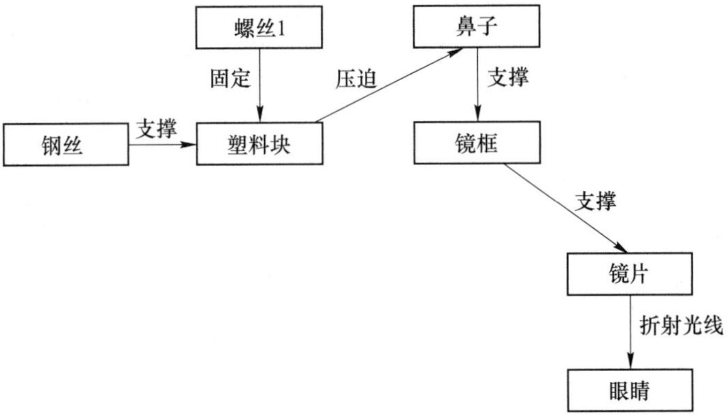

图 5-7　眼镜理想模型图

图 5-8　无镜腿眼镜

图 5-9　隐形眼镜功能模型

图 5-10 为产品图，当只保留主要功能时则可以做成隐形眼镜。隐形眼镜（Contact Lens），或称角膜接触镜，是一种戴在眼球角膜上，用以矫正视力或保护眼睛的镜片。它包括硬性和软性两种，隐形眼镜不仅从外观上和方便性方面给近视、远视、散光等屈光不正患者带来了很大的改善，而且使人视野宽阔、视物逼真，此外在控制青少年近视、散光发展，治疗特殊的眼病等方面也发挥了特殊的功效。近年来越来越多的用户选择隐形眼镜。

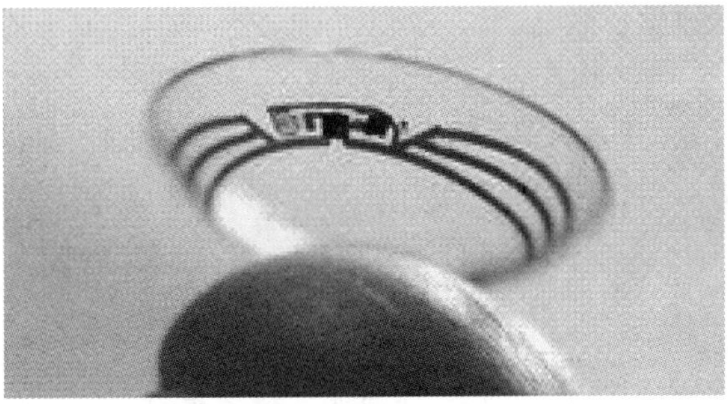

图 5-10　隐形眼镜

继续进行系统裁剪，如图 5-9 所示这个时候就只剩下镜片和眼睛，因为光线是折射入眼中的，那么在这个系统中功能价值最低的就是镜片，裁掉镜片直接用外部手段永久的改变眼睛的度数。在医学角度上这个方法是可行的，许多人因为不喜欢戴眼镜就去医院做手术，科技越发达技术越高超，做起手术来也越安全。如图 5-11 所示为理想功能模型图，图 5-12 为飞秒激光近视手术。

图 5-11 手术模型图

5.2.2 牙刷

整个牙刷系统由手柄、刷毛、牙膏、牙齿、手组成。在使用过程中，若刷毛过硬会对牙龈产生伤害，牙龈的受伤导致口腔不够清洁。手柄在使用过程中容易撞到牙龈根部。某些牙膏也是直接危害到我们的口腔健康。

建立牙刷的功能三元件模型如图 5-13 所示。

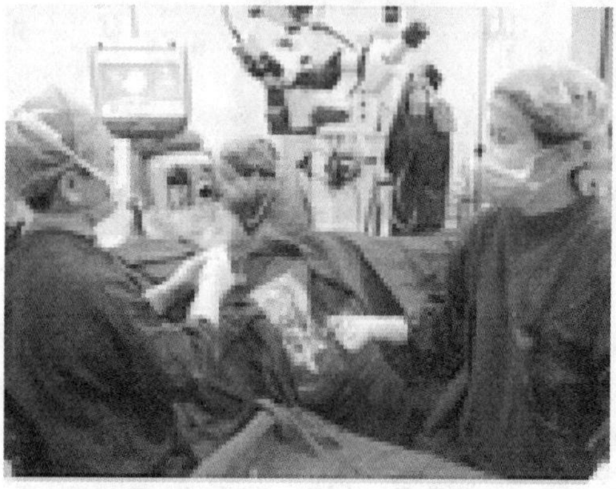
图 5-12 飞秒激光近视手术

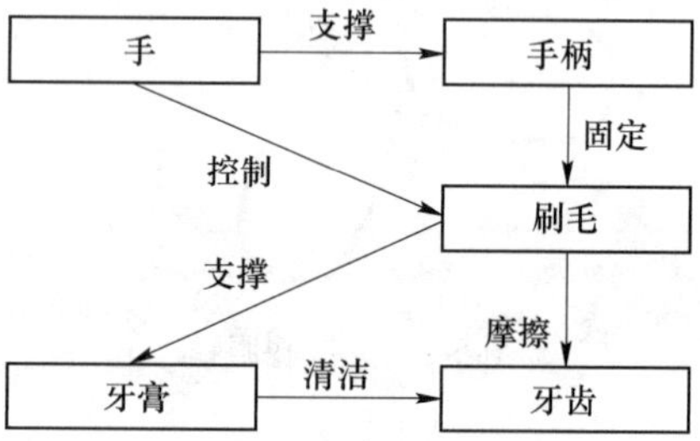

图 5-13 功能模型图

根据三元件模型，对存在有害作用、不足作用、过度作用的元件进行裁剪，如下面以裁剪刷毛、手柄、牙膏为例。

第一步：进行问题描述。刷毛、手柄、牙膏应该起到正常的作用是系统所期望的，但是刷毛会损害牙龈；手柄会损害牙龈根部；某些牙膏也会影响口腔健康。这三个元件都会间接或直接影响到口腔健康。

第二步：解决方案设想。如果手柄、刷毛、牙膏不存在，那么清洁牙齿的功能将由外物承担。

第三步：裁剪后存在的问题。裁剪掉刷毛、手柄、牙膏后牙刷就没有存在的必要了。

第四步：解决裁剪后引起的问题可应用矛盾或标准来解决，最终解决方案是使用漱口水，简洁方便。

5.2.3 生病打吊瓶

问题描述：陪护人员紧盯着吊瓶，提心吊胆，能否通过改进使得每当吊瓶的药水打完的那一刹那，系统自动提醒医护人员来换药水。这就节省了很多的人力、物力。

（1）建立系统功能模型；

（2）选择需要裁剪的组件；

（3）谁来实现被裁剪的组件的功能；

（4）绘制理想功能模型；

（5）提出解决方案。

建立系统功能模型如图 5-14 所示。

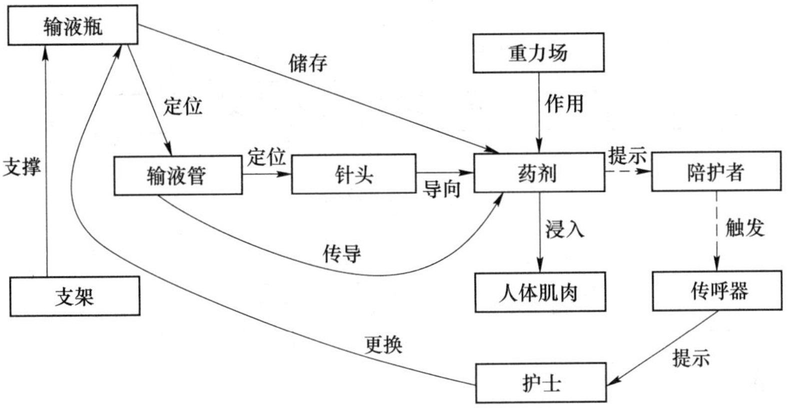

图 5-14 系统功能模型图

通过问题描述知道这个系统要将陪护者裁掉，那么就需要一个组件来承担陪护者的功能，这是一个问题，需要思考。

绘制理想的功能模型图如图 5-15 所示。

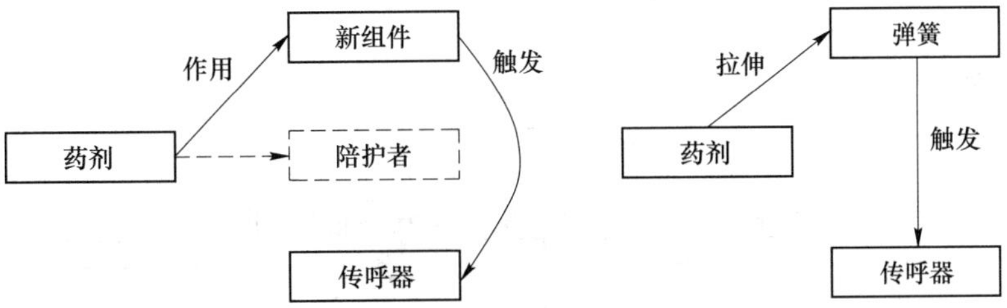

图 5-15 打吊瓶理想功能模型图

在这个模型中新增添了弹簧，当药剂快要打完时因为原先设定的最小触发值，弹簧就会拉伸从而触发传呼器通知护士来换药，这样就可以不用时时刻刻在病人身边守着。

5.2.4 异型坯除鳞问题

背景：异型坯上的氧化铁皮使用高压水去除（除鳞机）。

问题：部分氧化铁皮留在异型坯上，不能清理干净，影响表面质量（其中上腹板问题较严重）。

（1）建立系统功能模型；

（2）选择需要裁剪的组件；

（3）谁来实现被裁剪的组件的功能；

（4）绘制理想功能模型图；

（5）提出解决方案。

建立异型坯除鳞系统功能模型如图 5-16 所示。

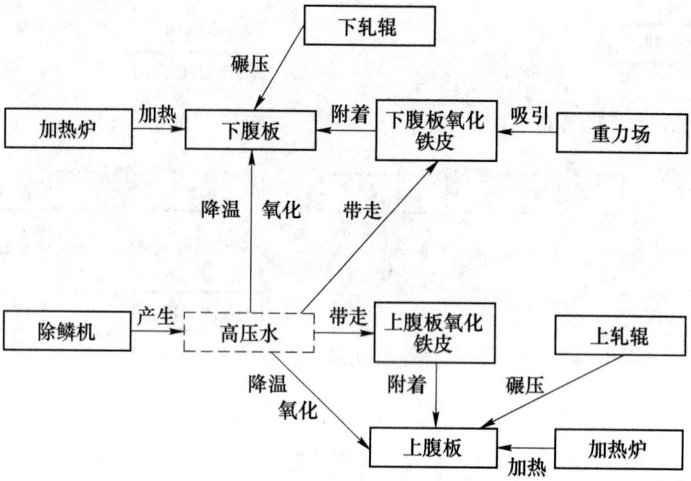

图 5-16　异型坯除鳞系统功能模型图

由图 5-16 可知，可以用另外的一个组件来行使高压水的功能。
绘制理想功能模型图如图 5-17 所示。

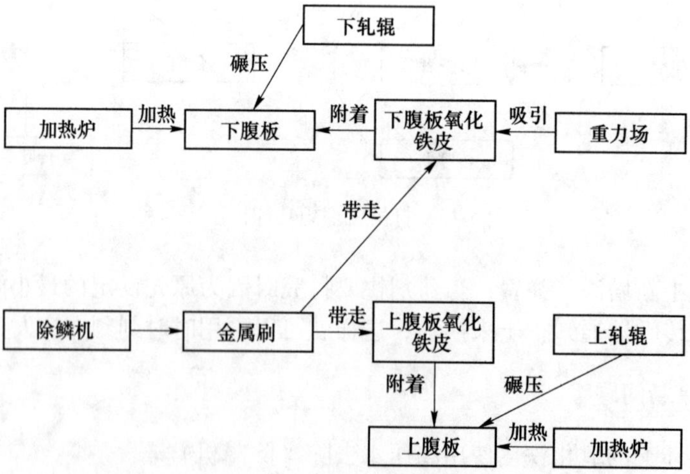

图 5-17　异型坯除鳞系统理想功能模型图

在理想模型中添加了新组件金属刷，通过金属刷带走氧化铁皮，这样可以减少高压水的二次氧化。

系统裁剪就是在一个需要裁剪的系统中进行分析，在组件分析的基础上可以更好地进行裁剪，筛选出一些功能重复、一些功能有害或不足、一些功能过度等的组件，再进行分析比对后将它裁剪掉，这样就简化了系统，使系统不再是那种冗长的，同时也节约了成本。通过在有问题的系统中创新，裁剪掉有问题的组件，或者使用另外一个物体去代替问题组件，设计师可以在系统裁剪过程中发现问题寻找灵感，进行更好的产品设计。

思 考 题

5-1 系统裁剪的方法有哪些？裁剪目标如何选择？

5-2 利用系统裁剪的方法练习裁剪成对的冷热水龙头。

6 因果分析

6.1 三轴分析法简介

三轴分析法是一种常见的分析问题的方法，是从找原因、找方向、找资源入手，之所以称为三轴分析法其实是因为从因果轴、操作轴、系统轴三个方面入手分析问题。三轴分析法示意图如图 6-1 所示。

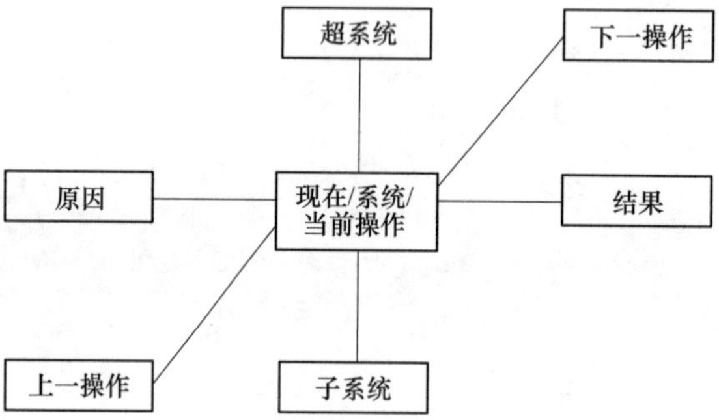

图 6-1　三轴分析法示意图

三轴分析法的目的：理清问题相互关联因素之间的关系；发现问题产生的根本原因；寻找解决问题的“薄弱点”“入手点”；分析解题资源，降低问题解决的成本；合理匹配工作流程，提高生产效率。

6.2 因果分析简介

因果分析又名原因结果分析，从原因分析到结果，从结果反推其原因，因果循环。从一个需要分析的系统所存在的问题入手，一步一步抽丝剥茧寻找形成问题的原因，一直到这个问题不能再继续分解。因果分析有两个方向，正如上面所说从原因分析到结果，从结果反推其原因，由现在推过去或者由过去推未来。

某在建大楼着火，其可能的火灾过程为：电线发生了短路，引燃了电线附近大量的可燃装饰材料，但报警器和灭火系统并未运作，导致火势蔓延迅猛，最终吞噬了整个大楼。根据对大楼失火问题的详细分析，得出大楼失火原因分析的示意图如图 6-2 所示。

1485 年英国国王理查三世与亨利在博斯沃思展开决战（见图 6-3），民间传出一首歌谣：少了一枚铁钉，掉了一只马掌，掉了一只马掌，失去一匹战马，失去一匹战马，败了一场战役，败了一场战役，毁了一个王朝。

一个王朝的毁灭一定是众多细小方面的腐败汇聚成的灾难，一个导火索就彻底毁灭。

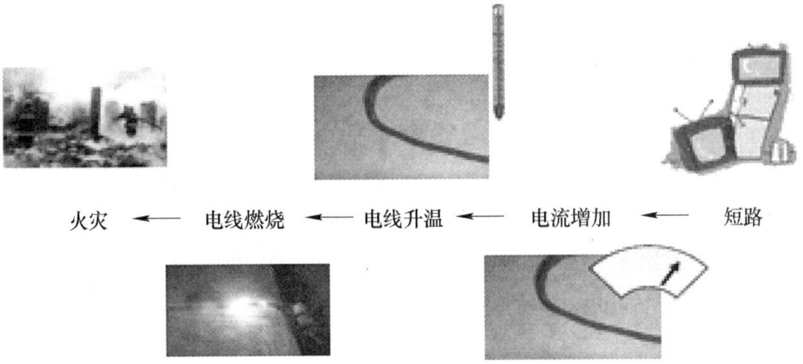

图 6-2　大楼失火因果关系推理图

图 6-3　博斯沃思决战

一个小方面的影响可以改变未来，就如蝴蝶效应一样。蝴蝶效应（The Butterfly Effect）：20 世纪 70 年代，美国一个名叫洛伦兹的气象学家在解释空气系统理论时说，亚马逊雨林一只蝴蝶翅膀偶尔振动，也许两周后就会引起美国得克萨斯州的一场龙卷风。蝴蝶效应表明，一个小小的展翅可能引发一场灾难，其本质是对外界做出了小小的改变，经过一系列的放大和发展，最终对未来引起了巨大的变化。一些小事虽然不起眼，但也有可能毁灭一个国家。所以说成功都是从小事做起，只有稳固的地基才能支撑高楼大厦。

因果分析是查找问题根源的基本方法。因果分析就是要打破砂锅问到底的去寻找问题的根本原因；任何事物都有正反面，需要用辩证的思维方式去看待问题，利弊相互依存正如因果来回循环，在循环中寻找问题产生的各种原因；在达到自认为可以了的情况下，还需集思广益深层次地去挖掘问题产生的根源；最后再对症下药找到最优解解决问题。

因果分析具有层级性。问题的产生往往是多方面综合导致的结果，在每个阶层都会有导致问题的原因，若总是在纠结于某一个层次的原因，那么就会导致分析这个问题不够深入、不够准确、不够全面，所以就很难根除这个问题，只有层层分析，一步接一步往下探索，这样才能找到问题的根本原因。

因果分析的目的有三点：

（1）找出问题产生的根本原因；

（2）从分析过程中去寻找任何一个可能解决问题的“钥匙”，不放过蛛丝马迹，因为任何蛛丝马迹都有可能是“破案”的关键；

（3）从所有可能的解题“钥匙”中找出其中最为匹配的。最匹配即在满足现在科学技术所能做到的前提下，成本最低，输出最高效。

因果分析在日常生活中是经常用到的，一般分析有以下几个步骤：

（1）根据分析标记出一些可能存在问题的组件，再对存在问题的组件进行功能作用分析，找出价值最低、对系统最无用的组件进行根本原因分析；

（2）判断可能导致问题的功能；

（3）根据功能判别存在问题的参数；

（4）依次继续查找原因和结果，分析根本原因。

原因和结果之间有三种关系，如图 6-4 所示。

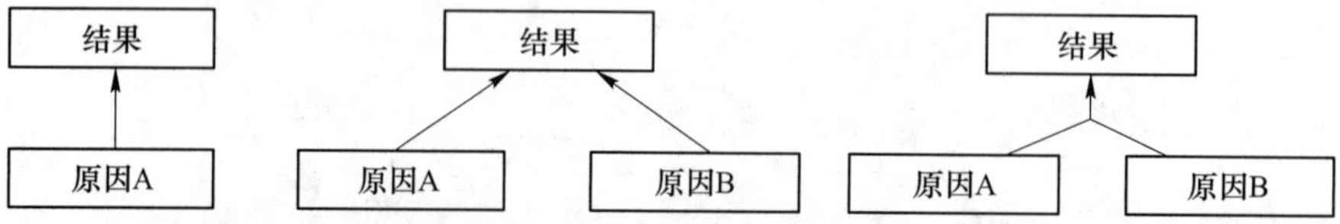

图 6-4 原因结果关系图

从图 6-4 可以看出导致结果的原因可能不止一个，而且导致结果的原因可能是多方面的，这就需要抽丝剥茧找寻根本原因。在进行因果分析时需要遵循以下规则：

（1）要明确两个有关联的物体之间的逻辑关系，可以被其他人接受或理解。

（2）确保实体存在的完整性、结构的合理性和有效性。

完整性：一个物体保持完整没有缺少任何东西，整个分析链完整，从语法结构考虑也需要主谓宾齐全。

结构的合理性：需要在现代科学技术可以完成的背景下，整个结构所需成本最低，所能达到的效益最高。

有效性：所有分析和描述的实体都是经过合理有效的方式推断所得。

（3）确保因果逻辑关系的有效性（可以用“if-then”的形式来判断因果间是否存在有效的逻辑关系）。

（4）原因不充分性。在一个结果形成的过程中往往不止有一个原因，很多时候都是多方面的因素造成，所以原因的不充分性在逻辑分析中常有出现。

（5）附加原因（是不是还有其他的原因也能产生同样的结果?）。附加原因也正是说明了产生结果的原因的多样性，附加原因是在最终原因的基础上进行完善和补充，与最终原因有着相同的地位。

6.3 因果分析的方法

6.3.1 五个“为什么”

五个“为什么”分析，是一种诊断性技术，被用来识别和说明因果关系链。在一个个为什么的提问之中来确定问题或者直到一个新的故障模式被发现时才停止提问。图 6-5 为五个“为什么”的图表。

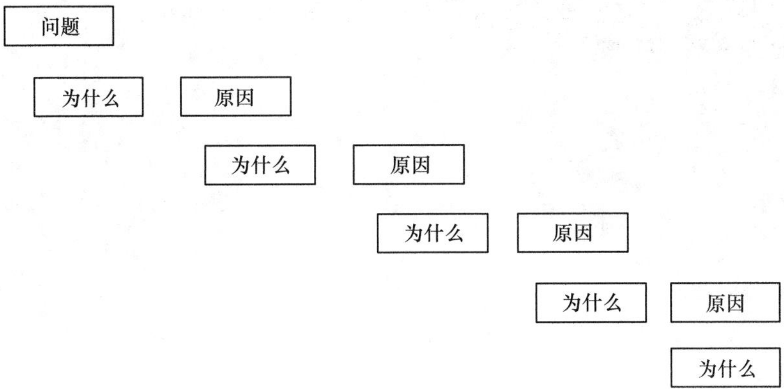

图 6-5　五个“为什么”

通过五个“为什么”，一步一步接近问题，在一个个为什么中发现问题并将它解决。接下来有几个经典的问答，在问答之中将问题解决。

例 6-1　丰田的故事

丰田汽车公司前副社长大野耐一先生发现一个生产线的机器经常停转，修过多次仍不见好转。

问：“为什么机器停了？”

答：“保险丝断了。”

问：“为什么保险丝断了？”

答：“因为超过了负荷。”

问“为什么超负荷呢？”

答：“因为轴承的润滑不够。”

问：“为什么润滑不够？”

答：“因为润滑泵吸不上油来。”

问：“为什么吸不上油来？”

答：“因为油泵轴磨损，松动了。”

问：“为什么磨损了呢？”

答：“因为没有安装过滤器，混进了铁屑等杂质。”

解决办法：在油泵轴上安装过滤器。

在一次次为什么中技术员渐渐接近了问题的根本，而在生活中也可以应用这个方法。此分析方法应用广泛。

例 6-2　杰斐逊纪念堂问题

杰斐逊纪念堂（见图 6-6）坐落于美国华盛顿，为纪念美国第三任总统托马斯·杰斐逊而建，1938 年在罗斯福主持下开工，至 1943 年杰斐逊诞生 200 周年，杰斐逊纪念堂落成并向公众开放。建成一段时间后就出现了纪念堂外墙的腐蚀问题，推倒重建是不可能的，那么就需要找到导致腐蚀的原因，解决问题。

图 6-6 杰斐逊纪念堂

杰斐逊纪念堂经过粉刷的外墙墙体出现裂缝和墙体脱落，经过许多专家调查研究发现了下面这个有趣的“为什么”故事：

（1）外墙墙体出现脱落和破损的直接原因是纪念堂外墙需要经常洗刷，但是洗刷外墙的清理液中具有酸性物质。为什么需要用酸性的清理液？

（2）每天墙上都布满了鸟粪。为什么其他楼没有，偏偏这栋楼里有这么多的鸟粪？

（3）这座建筑的周围有着随处可见在天空中盘旋的燕子。为什么燕子愿意在这个建筑的周围聚集？

（4）燕子在这座建筑上捕食蜘蛛。为什么有如此之多的蜘蛛被这座建筑吸引？

（5）这座建筑中有很多蜘蛛喜欢吃的虫子。为什么这座建筑中会引来或衍生出这些虫子？

（6）因为房子的顶部有一些窗子是经常打开的，阳光充足，温度适宜，是这些小动物繁衍生息的绝佳地方。

其根本原因就是阳光充足、温度适宜，为许多昆虫和鸟类提供了一个完美的窝，同时这些昆虫和鸟类会留下粪便在纪念堂上，工作人员使用清理液清理粪便，清理液中含酸性物质导致墙体腐蚀。

最优解：拉上窗帘。

例 6-3 汽车问题

在现实生活中汽车已经成了大众的代步器，尤其中国是世界上汽车使用最多的国家，为了防止交通拥挤，在我国一些一线二线城市已经开始实施限号。汽车多了，那么问题也就会随之而来。下面就是一段关于汽车无法启动的问答。

为什么？答：电池电量耗尽。（第一个为什么）

为什么？答：交流发电机不能正常工作。（第二个为什么）

为什么？答：交流发电机皮带断裂。（第三个为什么）

为什么？答：交流发电机皮带远远超出了其使用寿命，从未更换过。（第四个为什么）

为什么？答：我一直没有按照厂家推荐的保养计划对汽车进行保养和维护。（第五个

为什么）

保养和维护。（第五个为什么，根本原因）

通过这段为什么问答，我们可以知道汽车是需要定期保养和维护的，在生活中汽车每年都要进行年检，这些都是生活常识。

6.3.2 故障树分析法

故障树分析技术（Fault Tree Analysis）是美国贝尔实验室于1962年开发出来的，采用逻辑方法，形象地进行分析工作。其特点是直观、清晰、逻辑性强，可用于定性分析或定量分析。故障树分析法如图6-7所示。

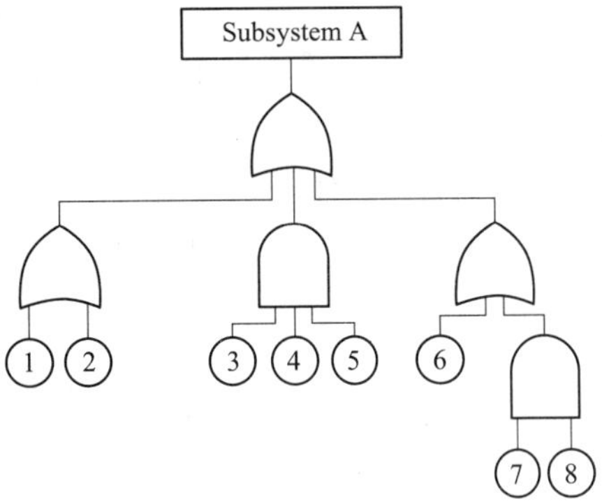

图6-7 故障树分析法
（Subsystem A是指整个系统的一部分）

在故障树的分析中，我们将所有被研究系统中出现的各种各样的故障、事故或者导致系统不能正常工作的状态定义为故障事件。故障事件又称失败事件，与其相反所对应的事件为成功事件。故障树是为研究系统中某一功能故障而建立的一种倒树状的逻辑因果关系图。

故障树是一种图形演绎法，是故障事件在一定条件下的逻辑推理方法，它可以对某一故障事件（自上而下）进行逐层跟踪和分析。使用图形的方法更加通俗易懂，让大家可以轻而易举明白事件与事件间的逻辑关系，用图形的方法可以更好的对各种事件间复杂的思维逻辑关系进行更深层次的定性与定量分析。

故障树可以将系统中导致各种故障的因素相互连接起来，以此来寻找出系统的漏洞和系统的故障谱。故障树的建立可以有效地帮助设计人员理清事件的逻辑关系，也可以帮助设计人员在设计系统时发现系统的隐患以及潜在的故障，从而提高系统的稳定性、可靠性。

故障树可作为管理和维护人员的可视化管理和维护指南，可用于培训用户、维护和管理人员，并可用于制定维护计划和维护故障排除程序。

6.3.2.1 故障树的原理与目的

原理：通过对可能造成产品故障的硬件、软件、环境、人为因素进行分析，从而确定产品故障原因的各种可能的组合方式和（或）发生概率。

目的：（1）帮助设计人员理清事件间的逻辑关系；（2）帮助设计人员在设计系统时发现系统的隐患以及潜在的故障；（3）提高系统的安全性能和可靠性能。

6.3.2.2 建树步骤

在建立故障树时一般都会遵循以下步骤：

（1）选择顶事件。据工程实际需要选择合理的顶事件。

（2）建立故障树。

（3）故障树的定性分析；故障树的简化；求最小割集。

（4）故障树的定量分析：求顶事件的发生概率；重要度分析。

(5) 确定设计上的薄弱环节（找出问题所在）。

(6) 采取措施，提高产品的可靠性和安全性。

常用的建树方法为演绎法，从顶事件开始，由上而下，逐级进行分析，即首先分析顶事件发生的直接原因，将顶事件作为逻辑门的输出事件，将所有引起顶事件发生的直接原因作为输入事件，根据它们之间的逻辑关系用适当的逻辑门连接起来；然后对每一个中间事件用同样方法，逐级向下分析，直到不需要继续分析所有输入事件（在故障机制或概率分布已知的情况下）。

6.3.2.3 事件与逻辑符号

事件与逻辑符号有多种，如图 6-8 所示。

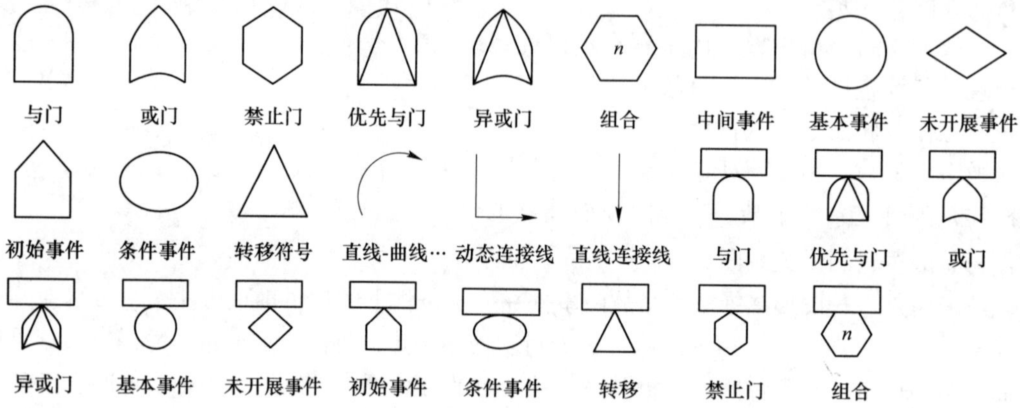

图 6-8 事件与逻辑符号示意图

顶事件或者中间事件，用矩形表示。基本事件，代表部件的故障模式、部件故障、软件故障、人及环境影响等，用圆形表示。未开展事件，不需要进一步分析或者根本无法分析的事件，用菱形表示。初始事件，位于故障树底部，有起始作用，表示在正常条件下一定会发生的事件和必然不会发生的事件，用房形符号表示。条件事件，描述逻辑门起作用的具体限制事件，用长椭圆表示。与门，全部输入存在时才能输出。或门，至少一个输入存在时即有输出。非门，表示输出事件是输入事件的对立事件。表决门，表示仅当 n 个输入事件中有 r 个或 r 个以上的事件发生时，输出事件才发生。异或门，表示仅当单个输入事件发生时，输出事件才发生。顺序与门，表示仅当输入事件按规定的顺序发生时，输出事件才发生。

通过事件符号和逻辑符号可以帮助设计人员快速确定问题的根结所在，使整个故障树更加规范化，同时也让故障树更加简洁。

6.3.3 鱼骨图分析法

鱼骨图是由日本管理大师石川馨先生发展出来的，故又名“石川图”。鱼骨图是一种发现问题“根本原因”的方法，可以称之为“因果图”。鱼骨图是一个非定量的工具，它可以帮助我们找到问题的根本原因（最终问题陈述所描述的问题），它允许我们扪心自问为什么会发生问题，并且允许我们去关注问题产生的原因，而不是问题现阶段的表面现象。它可以由项目团队的人完成，也可以由其他关注这个项目过程的人参与完成。

构建鱼骨图有三个最重要的部分，分别是鱼头、大鱼骨、小鱼骨。

（1）鱼头：已经发生了的问题所导致的最终结果。

（2）大鱼骨：问题产生原因的分类（主干），最为原始的大鱼骨主要有着五个大分类，即人员/People；设备/Machine；方法/Method；材料/Materials；环境/Environment。

（3）小鱼骨：在大鱼骨的基础上加以更深层次地探查，寻找问题产生的原因，通过“为什么”问题会发生来查找出一些引起问题的隐藏原因和一些潜在的隐性条件，必要的时候需要和团队一起思考，千万不能自以为是，轻易地去判断一个原因的正确性。

鱼骨图模型图如图 6-9 所示。

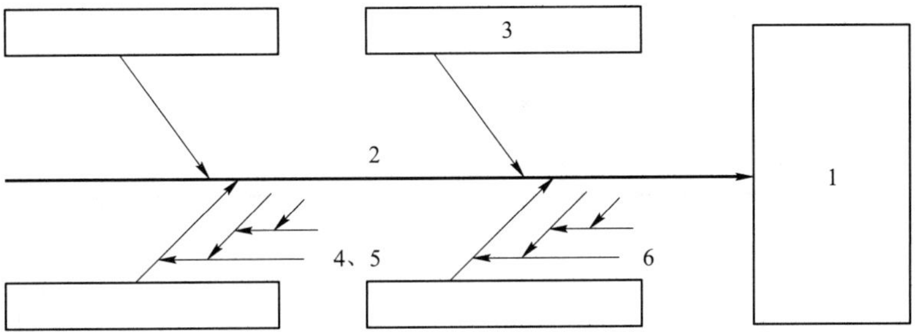

图 6-9　鱼骨图模型图

具体如下：

（1）决定问题的特性。问题的特性就是对这个问题的描述，在描述过程中明确目的以及阐明需要我们解决的问题，最后，所有的项目参与人员对于问题的特性达成共识。

（2）特性和主骨。特性写在如图 6-9 所示的 1 号矩形中。主骨即大鱼骨用粗线画，加箭头标志。

（3）大骨和原因要素。大骨上分别书写 3~6 个原因要素，如写入图 6-9 中 3 号方框。

（4）中骨、小骨和孙骨。中骨是事实，如果不从事实出发，那么采取对策的真正原因就会消失。小骨应该围绕“为什么”来进行描述。孙骨是在小骨的基础上面进一步去探查“为什么会这样”记录。

（5）表示记入中骨、小骨、孙骨的“要点”。要素原因记入没有对策的反馈，最好是继续寻找原因，例如一些隐性的原因。原因形式“主语+谓语”较好，在现有事物存在的情况下，事实系统围绕现事现物来整理原因要素。

（6）表示深入研究主要原因。考虑影响的大小，对特征和对策的可能性，深入研究主要原因（不一定是最后的要因）。在追踪原因时，由整个团队来讨论和决定，把从深层次挖掘的原因称为主要原因，并用○标记。主要原因往往是我们解决问题的方法，可以通过眼睛和数据来确认。在确定复数的主要原因时，从与有效对策有关的因素中分析真正的原因，按顺序用○标记，标注○123。

例 6-4　构建制造业鱼骨图

首先需要明确的是要分析的这个问题，接着就是大鱼骨，构建制造业鱼骨图的五个主要分支如图 6-10 所示。

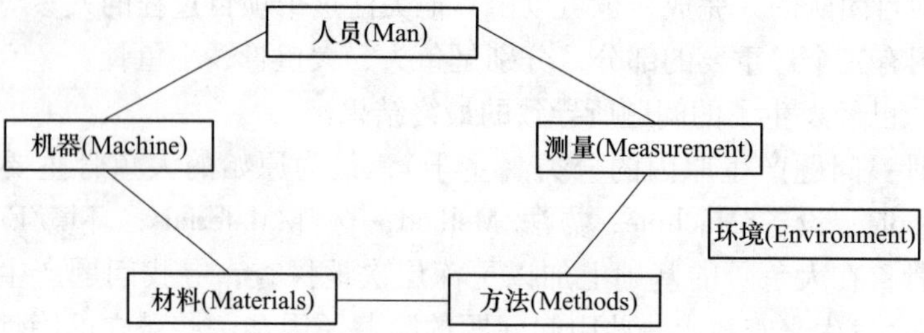

图 6-10 制造业五大分支

接下来就是开始构建鱼骨图，如图 6-11 所示。

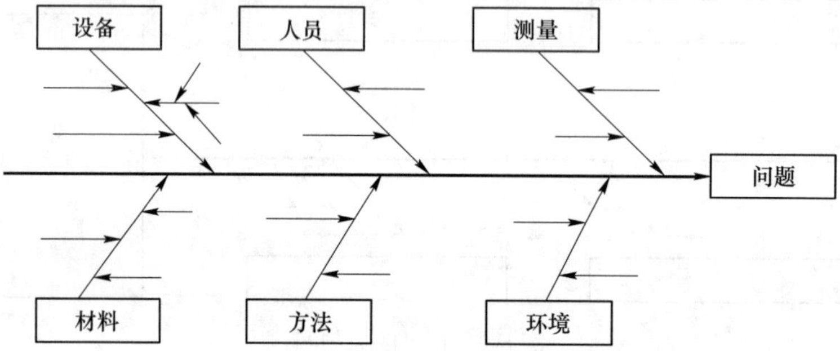

图 6-11 制造业鱼骨图

例 6-5 服务与流程业鱼骨图

如例 6-4 一样，先找出服务与流程业的五个主要分支，再进行鱼骨图的构建，主要分支如图 6-12 所示。

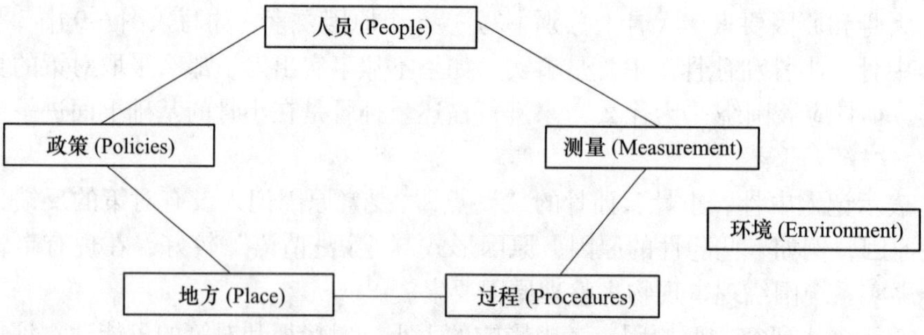

图 6-12 服务与流程业五大主要分支

完成主要分支的构建后就可以开始构建这个系列的鱼骨图了，如图 6-13 所示为服务与流程业鱼骨图。

6.3.4 因果矩阵

因果矩阵适用于分析那些一个问题产生了多方面的结果与不同原因之间的影响关系。采用头脑风暴法，由客户确定 MPV 作为输出 Y，及其重要度 I；团队搜集影响因素作为输

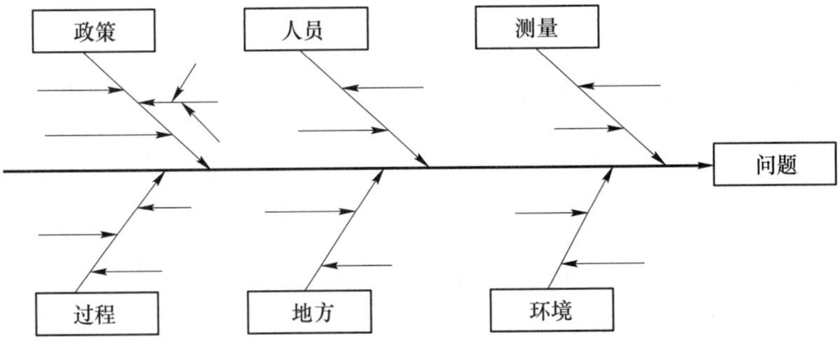

图 6-13 服务与流程业鱼骨图

入，然后评价每个输入与输出之间的相关性 R，从而找出影响这些 Y 的最重要因素。

因果矩阵在日常生活中用到的比较少，在商业上却得到广泛的应用，因为这个方法是用于强调顾客需求的。因果矩阵又叫原因结果矩阵，这是一个简化的质量功能配置（QFD）矩阵，主要用来强调顾客日常生活中产生的需求的重要性，采用矩阵图表的形式来对顾客重要程度进行记分，其中关键的输出与顾客的重要程度直接相关，关键输入与关键输出的相关联系强弱挂钩。

因果矩阵分析作为一种分析方法，有着独特的性质，它在商业领域、旅游服务业中往往是常用的一种问题分析方法。首先要知道分析的问题是什么，再是所有引起问题的要因，将要因按照重要程度列出等级（1～10）；确定系统中的所有程序并评价每个输入对输出之间的相关联系性，若是输入量的变化对输出的影响上下波动较小计入低分，则输入量变化对输出量的影响很大计入高分，然后将相关联的数值与优先因子交叉相乘，然后对每个输入求和。图 6-14 为因果矩阵模型图。

		对顾客重要程度等级															
			1	2	3	4	5	6	7	8	9	10	11	12	13	14	15	
			要求	要求	要求	要求	要求	要求	要求	要求	要求	要求	要求	要求	要求	要求	要求	合计
	工序	工程输入																
1																		0
2																		0
3																		0
4																		0
5																		0
6																		0
7																		0
8																		0

图 6-14 因果矩阵模型图

6.3.5 失效分析FMEA

FMEA（Failure Mode and Effect Analysis）是在产品、过程、设备的设计阶段，对构成产品、设备的子系统、零件，对构成过程的各个工序逐一进行分析，找出所有潜在的失效模式，并分析其可能的后果，从而预先采取必要的措施，提高产品/设备的质量和可靠性的一种系统化的活动。

20世纪60年代FMEA，首次应用于航天工业中的阿波罗太空行动；1974年FMEA被美国海军机构确认为MIL-STD-1629标准；在20世纪70年代的后期，汽车工业被责任成本所驱，开始将FMEA并入他们的过程管理；在20世纪80年代中期，汽车工业创立过程FMEA，来验证生产过程；1991年ISO 9000推荐使用产品和过程FMEA。

失效分析法包括失效模式和影响分析，其中对失效的定义包含两种：（1）根据历史数据，对相似产品的性能、同行业的服务、使用者的建议以及在市面上流传可获取的消息，加以定义失效。（2）通过现代科学技术所提供的超级计算机的计算和模拟分析，确定之后，定义失效。

失效影响分析分为三点：首先是对本身的立即影响，然后是对同一层次或高一层次的影响，最后是对产品使用者的影响。

FMEA是一种系统方法，使用制式表格以确认潜在失效模式及其影响，并评估其失效严重度SEV、失效原因发生频度或概率DET、失效原因的可检测度OCC、目前管制方法。

FMEA的基本概念简单点说就是“早知道……就不会”和“我先……就不会”，这两句话可以概括FMEA的思想。例如：早知道做好防震设计就不会造成大楼倒塌，早知道不乱砍滥伐就不会造成水土流失、泥石流。有些“早知道”是必需的，有的“就不会”是不允许发生的。例如：我先看了天气预报就不会被雨淋湿，因为我带了挡雨的工具。我先在电脑里装了防火墙就不会被病毒入侵。有些“我先”是必需的，有些“所以没有”是预期可避免的。

FMEA制表步骤如下：

（1）系统定义：类似于故障树，建立组件列表，将系统中所有的组件全部列出来，再进行功能分析，利用图表的形式来描述每一个工序与对应组件间的关系。（必须对系统的每个组件及其功能进行科学的确认和检查，确保在现有的技术下可以完成对外输出，同时还需要注意外界环境的影响）

（2）失效模式分析：通过对事件进行历史数据的对比和经过计算机的计算推论，确认其失效模式，再去确定失效的关键特性。失效的关键特性有三种，分别为显著特性、主要特性、危险特性。

显著特性：这是一个产品直接呈现给使用者的特性，它往往是设计师根据使用者的需求制定的，例如尺寸、外观、重量、材质等。

主要特性：一些可以测量的指标，通过对这些指标的测定随时回馈给系统，通过系统对数据的调整来改善产品的质量和品质，也通过使用者对产品使用后的满意程度和对产品的建议回馈到生产中。

危险特性：任何一件产品都不是尽善尽美的，这需要我们设计的产品符合国家或国际的生产标准，例如材料、化学物质、防火标准、防碰撞测试等。

（3）失效作用分析（FEA）：对失效模式进行分析后，再进一步对每个组件进行失效作用分析，指出每个有问题的组件，分析其在系统中的失效严重程度，标出其对系统的危害等级，再优先对危害等级高的组件进行裁剪或改善，帮助系统顺利解决问题，满足使用者的要求。

（4）临界状态评估分析（CA）：通常根据失效影响的严重程度（ SEV ）、原因的发生频度或概率（OCC）两者的综合影响来划分等级，在以表现的严重性和出现的频率两个坐标绘制的矩阵图上的相交点处，可以显示出不同的失效模式。

往往其他因素也可以在临界状态评估中引用。在环境的监测中可以看到整个工序流程，当某个工序出现问题时可以快速的定位故障组件，从而提高系统效率，降低维护成本。

提高系统可靠性可以通过改变设计部件来改变系统设计中的重复和冗余部分，环境监测可以为即将发生的故障提供清晰的信息警告。

（5）编制文件：提取前四个步骤中的一些重要数据，如系统中的各个组件、每个组件的功能、失效模式、失效分析、失效的影响（其中包括对产品的影响和对系统的影响）、失效的特性、临界状态的评估、失效的严重程度等一些数据。通过制表将这些数据直观的呈现给设计人员，设计师通过对 FMEA 表的分析，可以完善细节，改良产品的品质，加快产品问题回馈速度，对整个工序流程实施全程监控及随时调整。

FMEA 制表图如图 6-15 所示。

DFMEA

产品/系统名称		Prepared by:	
负责人		FMEA Date(Orig)__(Rev)__	

功能模块	潜在失效模式	潜在失效影响	SEV	潜在原因	OCC	现有控制或设计方案验证	DET	RPN
								0
								0
								0
								0
								0
								0
								0
								0
								0
								0

图 6-15　FMEA 制表图

FMEA 分析模式图如图 6-16 所示。

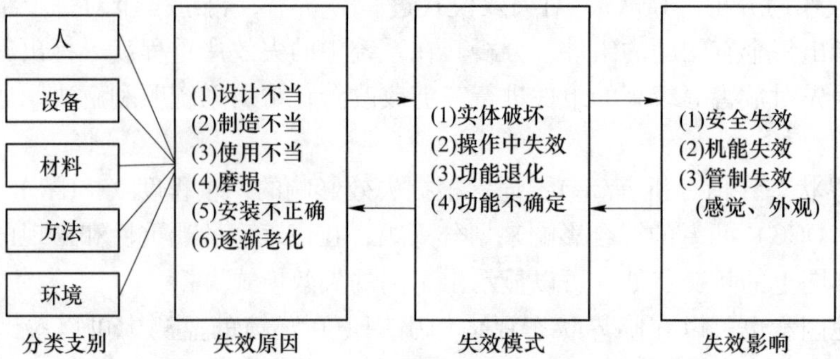

图 6-16 FMEA 分析模式图

6.4 因果轴分析

因果轴又叫因果链。原因与结果之间总是存在着千丝万缕的关系，这一条条因果关系就构成了因果关系链。因果链分析就是通过构建因果链，指出事件发生的原因和导致的结果的分析方法。分析的目的是发现问题产生的根本原因，发现问题产生和发展链中的“薄弱点”，为解决问题寻找入手点。

有因必有果，有果必有因，例如短路→电流增加→电线升温→电线燃烧→火灾。在生活中因果就像一条条线将所有事情联系起来，我们要做的就是将这一条条因果线理清。

经典的因果轴分析分为四步：（1）原因轴分析；（2）结果轴分析；（3）因果轴的规范化示例；（4）选择解题的入手点。

下面将为大家详细介绍如何进行因果轴分析。

6.4.1 原因轴分析

不停寻找为什么问题会发生的原因，将发现的原因构成原因链。分析原因与原因之间的关系，找出整个事件发生的时间、地点、人物。

（1）从要研究的问题开始，将导致问题发生的直接原因统统列出来。

（2）用标出的原因进行“五个为什么”一直分析，直到找出根本原因。

（3）根本原因的判定条件是：

当无法找到下一层的原因时；

当达到自然现象时；

当达到机构/管理/权利/费用等极限时。

（4）将每个原因与其结果用箭头连接，箭头从原因指向结果，构成原因链。

原因轴分析图如图 6-17 所示。

6.4.2 结果轴分析

不断推测问题蔓延的结果，构成结果轴。目的：了解不解决此问题可能造成的影响，并寻找可以控制原因发生和蔓延的时机和手段。

（1）从现阶段问题导致的现象或影响继续探索，去计算和推测接下来问题的走向，以

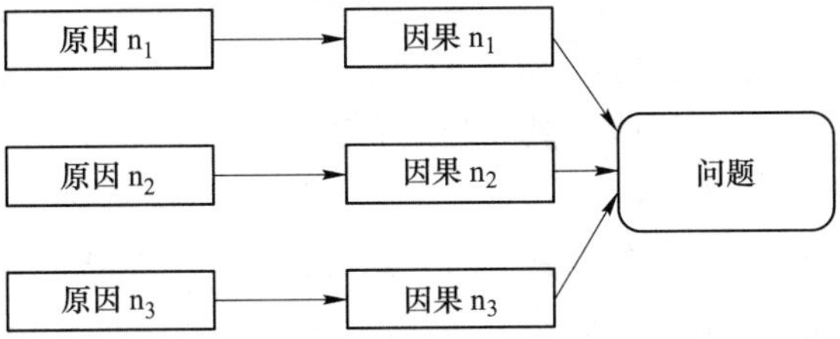

图 6-17 原因轴分析

及继续照原来的方向发展下去会有什么样的问题。

（2）根据已知的问题，循环往复的再进行步骤 1。

（3）结束步骤 2 的分析的条件是：

当不能继续找到下一层的结果时；

当达到重大人员、经济、环境损失时；

当达到技术系统的可控极限时。

（4）当每个问题都有与其对应的结果时，这时就可以开始准备构建结果轴了，在结果轴中每个问题的结果都会指向对应的原因。

（5）因果链和结果链构成因果关系轴。

构建结果轴，按以上方法一步一步完成，如图 6-18 所示。

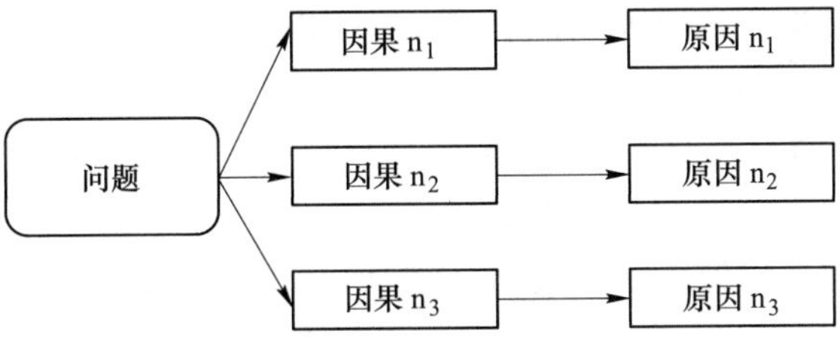

图 6-18 结果轴分析

6.4.3 因果轴的规范化示例

规范化原则：与功能描述一致。功能：V+O（+P），改变/保持物体的某个参数。问题：功能没有达到预计的效果，此参数表现出偏离目标值。原因：因果是相对的，某物体的某参数没有达到预计要求，直接导致结果的参数偏离目标。

要对原因规范化就必须对描述的词进行规范化，例如缺乏、存在、有害、过度、不足、不可控、不稳定。对于这些描述词汇，这里将对它们进行定义和功能。

（1）缺乏。缺乏是指应该有（物体，以提供有用的功能），但是没有。

规范描述：缺乏——物体。

实例：几天前一个农村地区，家中没有鸡窝的都遭窃了。

失窃的原因：缺乏——鸡窝。

（2）存在。存在是指需要某个物体，以提供有用的功能，但同时它产生了有害影响。

规范描述：存在——物体。

实例：没有失窃的人家以前经常抱怨，在炎热的夏季鸡窝会散发出一股难闻的气味。

影响生活的原因：存在——鸡窝。

（3）有害。有害是指某个物体提供的全是有害功能。

规范描述：有害的——物体。

实例：手机缩短了距离（无论是空间上还是时间上），提高了人们的工作效率，但是产生的废旧电池极大程度上会污染环境。

污染环境的原因：有害的——废旧的电池。

（4）过度。过度是指有用的功能，因其性能水平超过了上阈值而产生有害影响。

规范描述：物体——参数——过度。

实例：有一家花园周围的围栏特别漂亮，没过多久后这家的围栏被盗走了。围栏被盗的原因：围栏——美观——过度。

（5）不足。不足是指有用的功能，因其性能水平低于下阈值而效果不足（同过度一样，仅是效果不足而未产生有害影响，如果产生有害影响就表述为有害了）。

规范描述：物体——参数——不足。

实例：装了加强保险杠的车辆还是被撞坏了。

撞坏的原因：保险杆——强度——不足。

（6）不可控。不可控是指有用的功能，但是无法有效地控制其性能水平。

规范描述：物体——参数——不可控。

实例：近日深圳市遭遇台风天气，造成大量航班延误。

航班延误的原因：机场——天气——不可控。

（7）不稳定。不稳定是指有用的功能，但是其性能水平不够稳定，带来了有害影响。

规范描述：物体——参数——不稳定。

实例：在很多城市都实施了限号条例，因为上下班交通拥堵，造成公交车到站的时间不确定。

乘客上下车不确定的原因：交通系统——畅通程度——不稳定。

6.4.4 选择问题的薄弱点

因果分析最终的目的是发现问题产生和发展因果链中的薄弱点，从而为问题解决找到突破方向。问题薄弱点的选择原则如下：

（1）如果能够从根本原因上解决问题，优选根本原因。

（2）如果根本原因不可能改变或控制，那么沿原因链从根本原因向上逐个检查原因节点，找到第一个可以改变或控制的原因节点作为问题的薄弱点。

（3）如果消除不良影响的成本比消除原因低，那么选择结果节点。

在上述操作后，如果选择了多个问题薄弱点，那么可以优先选择其中具有容易实现、周期较短、成本较低、技术成熟等特征的原因节点。

6.5 本章小结

通过学习我们掌握了三轴分析法以及因果分析法的五种常用分析法和因果轴分析法，

掌握了如何将它们加以应用，如何构建模型，如何制表。通过因果分析可以解决生活中一些麻烦，因果分析在很多的领域都有应用，如商业领域、军事领域、生活领域。因果分析往往是寻求根本原因的一种工具，我们将它运用到解决问题寻求创新之中，在解决问题的过程中创新。

思 考 题

6-1　在因果分析时，可以用哪些方法来分析系统中问题的原因和结果？

6-2　“三轴分析”中的“三轴”指的是哪 3 个轴？每个轴的分析目的是什么？

7 资源分析的方法

“资源”最初的涵义更多的是指金属、木材、煤炭、石油等自然资源。伴随着时代的不断变迁，自然中可用资源也不断地在消耗，然而可用资源一旦被消耗殆尽，人类也将大祸临头。因此，人们不断研发利用新能源，更不断研究出许多新的技术与设计，例如水和火力发电、转基因技术、超级杂交水稻等。这些新的技术成果，大多数是人类劳动智慧的果实，利用自然界已经存在的资源进行创造产生的。是否有一套较为成熟的想法或方法，利用资源的创造性去解决工程中的实际问题？对于这个疑问，在 TRIZ 中有着对资源的系统化认识，并应用到实际问题中。

7.1 资 源 观

7.1.1 传统的资源观

最早的传统的资源观是西方工业化国家的一种观念，他们认为所处环境中所有的物质都是为人类使用和服务而存在的。传统资源观认为只要是大自然中存在的物质就是资源，都能使用，都是生存的工具，目的是使生活变得更好、使人类更富有。因此，传统资源观的价值理念就是人类是万物、地球乃至宇宙的中心。

随着对宇宙的不断探索，发现地球并不是宇宙的中心，同时意识到人类在地球上可能不再占据中心位置，于是开始使用工业化时代下研发的科学技术，开始向自然宣战，企图战胜并改造自然，旨在精神层面和物质层面创造并拥有更多的财富，并不断改善人类知识体系。

西方人在此期间疯狂地开采掠夺自然资源而不计后果，因此造成了严重的环境污染，也引发了各种各样的自然灾害，给人类带来了灾难和痛苦。正因如此，西方人意识到大自然力量的强大，并在痛苦中反思着自己的传统资源观。

在工业时代全球化的趋势下，西方原始的传统资源观随之传播到发展中国家，然而由于此时的发展中国家迫切想要增强综合国力，提升国际地位，跟上全球化发展的步伐，因此并没有考虑传统资源观中存在的问题，而是全部接受并运用，因而给急于发展的发展中国家带来了很多问题。虽然后来意识到问题的严重性，但是太晚了，积累的危害太多了，一时间难以解决。原始的传统资源观先后给西方和东方都带来了极大的灾难，其使整个地球和人类的发展岌岌可危。

着眼于现在，我们在工业化的道路上要吸取西方发达国家的相关教训，在考虑自己的同时也要考虑到全部生物的利益，以尽可能小的代价实现工业化，保护环境节约资源，共创美好家园。

7.1.2 现代的资源观

现代资源观是人们在重新郑重地理解人类与自然之间关系的前提下而建立的。这一次人们深刻地认识到人类不能主宰大自然，人类只是大自然的一分子。以人类为中心的危险思想，不仅给人类本身，同时还给大自然造成了巨大的伤害，因此这种思想不能再有，而要建立起人类以自然为安命立身之本的理念，保护自然。

不再将客观存在的物质看作资源，从他们存在的价值去重新认识他们，明白正是他们的存在才会使我们生存下去并不断成长和发展。将自己置身于他们之中，去欣赏大自然的魅力所在，不再将自己的利益置于高高在上的位置，不再只看眼前的利益，要将社会的福祉放在首位，要着眼于未来子孙后代的福祉。这样资源即将枯竭的问题也将迎刃而解。

自然界像人类一样有着自己的循环系统，不同的物质扮演着不同的角色，人类也是其中的一个角色。因此自然界中没有孤立存在的物质，各物质之间相互平等，互相影响和作用，共同服务于自然的同时也在享受着自然带来的服务。总之不管哪一物质出现问题，必将影响整个自然界的发展，要保持动态平衡的状态向前发展与进步。

总结现代的资源观，就是学习自然、尊重自然、保护自然、融入自然，将资源二字化为理念、行动、信念，为后代也能拥有美丽家园而不断努力和奋斗。

7.2 资 源

资源是指一定的社会条件下存在着的，能够为人类开发利用的，在社会经济活动中经由人类劳动而创造出的财富或资产。资源转化为资产或财富是经过人类劳动实现的。资源是现实中存在，并有条件开发利用的各种要素的总和。在 TRIZ 理论中，资源是一切可被人类开发和利用的物质、能量和信息的总称。

7.2.1 资源的特征

（1）资源本体的生成性。自然和社会条件的成熟是资源形成的必要条件。同时资源是可以培育的，我们不能一味的去等待资源，而是应该根据自己的所需大胆地创造资源，从而促进资源的发展。

（2）资源存在的过程性。资源具有有限性，即有始有终。资源的存在和变化都具有一定的条件和时间段。因此人们在研发使用资源时，一定要把握住时机。

（3）资源属性的社会性（商品属性）。资源是人们用智慧和汗水开发出的劳动产物，它用于社会的生产过程中来反映人类的利益需求，用于生产产品来满足人们的消费需求。

（4）资源的短缺性。资源短缺性特征是指现有的自然资源无法满足社会生产生活的需求，并且日益减少。据有关报告显示，在 1970~1995 年间，1/3 以上的自然资源在地球上已经被消耗或损坏。许多物种灭绝，而且随着时代进步，物种灭绝的速度与日俱增。同样面临短缺问题的还有社会资源和人文资源。因此全人类要共同节约资源，杜绝浪费。

（5）资源的连带性。资源之间存在着相互依存、互相制约的关系。例如土地和森林两种资源，他们之间是相对独立的，拥有着各自独特的性能，以及被研发运用的条件与所处的环境，森林和土地两者息息相关，森林由于土地的存在而茁壮成长，不能没有土地；一旦森林遭到破坏，同样会使水土流失，严重时会造成土地荒漠化。因此要对资源实施全方位、系统化的考察并使用。

7.2.2 资源的分类

资源有很多不同的分类方式，从资源的存在形态可以分为宏观资源和微观资源，从资源使用的角度可以分为直接资源和派生资源，从分析资源的角度可以分为显性资源和隐性资源（显性资源指资源已经研发运用或者资源已经被人类所了解，隐性资源是指资源由于条件限制尚未研发运用或者资源没有被人类所了解），从资源与TRIZ中的一些概念相结合的角度可以分为发明资源、进化资源和效应资源。

TRIZ认为，任何技术都是超系统或自然的一部分，都有着自身独特的空间和时间，通过对物质、场的组成和运用来实现所需要的性能。因此，资源还可以按照物质、能量、时间、空间、功能、信息等角度来划分，下面以这种典型的分类方式来介绍TRIZ中资源的类型及其含义。

（1）物质资源是指生产生活中可以用来满足实现所需性能的任何物质。例如衣服是物质资源，它可以用来保温御寒。

实际上，系统或环境中任何种类的材料或物质都可看作是可用的物质资源，例如废弃物、原材料、产品、系统组件、廉价物质、水等。在问题的分析和解决过程中，建议尽量应用系统中现有或存在的物质去解决遇到的难题。例如黄土高原的土窑，有良好的保温和隔音效果。

（2）能量资源是指系统中存在或能产生能量的场或能量流。通常把可以提供能量的物质称之为能源，主要有三类：一是来自太阳的能量；二是来自地球的能量，如热能和原子能；三是来自地球与宇宙中的其他天体相互作用产生的能量，如潮汐能。

应用建议：考虑使用过剩能量，在使用过程中减少用能，避免能量损失，变害为利。例如利用汽车的废气来升高温度，利用发电厂余热供工厂生产或居民取暖。

（3）信息资源是指系统中已经存在的信息或者是系统本身有产生信息的能力。信息在反映世间万物的特征与变迁上，在人类的自我重塑改造上有着重要的作用。其信息流在产业的发展领域、速度和方向等方面起着决定性的作用。

建议提高个体感知信息的能力。例如可以根据钢水的不同颜色来判断钢水的温度，根据人的面部表情和动作来推测其内心想法。

（4）时间资源是指系统开始前、工作中以及结束后能够使用的时间。

应用建议：利用间断时的空闲时间；运行之前、运行之中或运行之后的时间。特别是利用作用之间的间断时间、同时进行两种或多作用、利用预先作用、为达到附加目的，利用作用之后的时间。

建议利用同时作用，找机会同时进行不同的动作。利用运输过程进行机械加工，利用制造过程进行精加工，利用制造动作防止破坏，同时应用两种或多种张力，利用预作业时间做下一步工作，同时执行几种相似的作用，结合两种方向作用，同时应用不同的操作，利用“开发时间”进行冷却，利用开发时间进行维修，采用同时测量。

建议利用预先作用，事先采取行动可以轻易地解决很多问题。采取预先作用可以达到以下目的：产生预张力、在安全区域中进行缓冲、预加固、引入保护层、引入附加功能单元、引入必要材料、引入一种介质、产生隔离、做出标记、安装传感器、赋予必要的性质等。

建议利用作用之后的时间。有很多事情是可以在“事后”做的，比如拆除模具功能单元、排除固定功能单元、移除媒介载体、去除耗尽功用的物质、进行产品精加工、产品的制造、损坏后自修、产生压强、测量等。

(5) 空间资源指的是系统本身以及超系统的可以应用的空间。

应用建议：利用未用空间。如果当前使用的空间有限或者是为了节省出更多的空间，那么可以使用任何系统内部及周围的空余空间，在这些空余空间上可以放置所需的额外作用对象，如某些表面上没有占据部分及背面、作用对象的背面、两个作用对象之间、环境中的空间等。

(6) 功能资源指的是使用系统中已经拥有的部件去发掘系统中不易发现的性能。建议挖掘系统中每个部件用途的多样性，例如飞机的机舱门还可以用作舷梯。

除以上资源外，相对于系统资源而言，还有许多是系统资源派生而来的资源，然而这些资源往往被我们所忽视或我们意识不到。尽可能发掘出全部的资源，是问题可以得到解决的有力保障。通常，现实问题中存在着各种不易被发现的资源，我们在 TRIZ 中称其为潜在资源或者隐藏资源。

7.3 资 源 分 析

所谓资源分析就是站在整个系统的高度去分析资源，进一步发掘出系统内的隐性资源，最终实现资源隐性化到显性化的转变。资源分析非常注重资源之间的关联和配备布置，有效的组合、配置、优化资源结构，可以使系统资源价值有所提高。资源分析可以用来帮助我们寻找到解决问题过程中所需的资源，帮助我们在已经拥有的可能可以解决问题的方案中寻找到最理想的、把握最大的方案。

资源分析的步骤如下：

第一步：寻找及发现资源。

通常应用方法有多屏幕法和组件分析法等。

(1) 多屏幕法的特点：在时间和系统不同层次两方面进行思考，不但考虑了眼前，还考虑未来和过去；不但考虑了自身系统，还考虑与自身系统相关的其他系统。此种方法比较注重动态地、系统地、联系地去看待所有事物。将通过此种方法寻找到的资源填入下表 7-1 中。

表 7-1 多屏幕法资源列表

项目	物质资源	能量资源	信息资源	时间资源	空间资源	功能资源
系统						
子系统						
超系统						
系统过去						
系统未来						

续表 7-1

项目	物质资源	能量资源	信息资源	时间资源	空间资源	功能资源
子系统过去						
子系统未来						
超系统过去						
超系统未来						

（2）组件分析法的特点：要从组建系统的组件入手，层次分明，构建组件与组件之间的联系，明晰组件间的功能关系，从而建立一个系统功能模型。组件分析法比较注重从功能的角度去探求资源。将通过此种方法找到的资源填入下表 7-2 中。

表 7-2 组件分析法资源列表

项目	物质资源	能量资源	信息资源	时间资源	空间资源	功能资源
工具						
系统						
子系统						
超系统						
系统作用对象						

第二步：挖掘及探索资源。

挖掘指的是向深处发掘更多有价值的资源。探索指的是对资源进行分类，对系统进行汇总，以问题为中心去发掘更深处的资源以及派生资源。

物质资源形态的转变可以获得派生资源，主要有物理方法和化学方法两种。

（1）物质物理状态的转变（相态之间变化）。其中包含物理参数的变化、机械结构的变化。

（2）物质化学状态的转变。其中包含物质的分解、燃烧或合成等所产生的物质。

派生资源的获得规则：

规则 1：就目前面临的问题而言，所需的物质不能直接获得，可以降解比所需物质高一级的物质结构来获得。

规则 2：就目前面临的问题而言，所需的物质不能直接获得，可以结合比所需物质低一级的物质结构来获得。

第三步：整理及组合资源。

资源整合是指工程师对不同的资源（来源、层次、结构、内容等方面有所不同）施行辨别与挑选、采用与分配、激活并进行有机交融等一系列工序，从而使资源拥有较强的系统性、适应性、条理性和应用性，最终创造出新资源的过程，这个过程是复杂的、动态的。通过组合协调，将系统中彼此相关又分离的资源及系统外部既参与共同的使命又拥有独立功能的相关资源整合成一个大的系统，从而可以取得 1+1>2 的成效。

资源整合是优化配置的过程，是针对系统发展及所需性能的要求而对相关资源重新进行配置的过程，可以突出展示系统所具有的核心能力，并探索出资源配置与性能要求之间最好的结合点。最终目标是为了通过整合与配置这一步骤来加强系统的竞争优势，提高资源的利用价值。

资源的整合包括资源的整理与组合。资源整理采用关联图法。关联图法是根据事物之间横向因果逻辑关系找出主要问题及所需资源的最适合方法，目的是把资源同问题联系起来。关联图又称关系图，是用来分析事物之间“原因与结果”“目的与手段”等复杂关系的一种图表，它能帮助人们从事物间的逻辑关系中寻找出解决问题的资源和方法。

资源组合采用矩阵图法。矩阵图法是从多维问题的事件中，找出成对的因素，排列成矩阵图，来分析问题、确定关键点的方法，它是一种通过多因素综合思考，探索问题的方法，目的是把同解决问题相关的资源组合起来。

第四步：评价及配置资源。

在解决方案中，最佳利用资源的理念与理想度的概念紧密相关。事实上，某一解决方案中采用的资源越少，求解问题的成本就越小，理想度的指数就越高。这里所说的成本应理解为广义的成本，而并非只是采购价格这一具体可见的成本。

对于资源的遴选，资源评估从数量上看有不足、充分和无限，从质量上看包括有用的、中性的和有害的；资源的可用度从应用准备情况看，有现成的、派生的和特定的，从范围看有操作区域内、操作时段内、技术系统内、子系统中和超系统中，从价格看有昂贵、便宜和免费等。最理想的资源是取之不尽、用之不竭且不用付费的资源。

技术系统中资源配置要关注资源的利用率，资源的利用率总是不断地提高，资源在今后的使用必然价值更高。我们应当关注资源的存储状况及获得资源的成本，注重开发资源的新功效，关注系统资源的开放性和区域间资源充分的流动性，遵循可持续发展的原则。

7.4 本 章 小 结

本章介绍的是TRIZ理论中的资源分析，起初介绍了传统与现代两种不同的资源观，由于传统错误的理念，而导致资源浪费、环境恶化，因此人们对资源重新进行认识形成现代的资源观，对资源和环境起到良好的保护作用；然后介绍了资源的特征及分类，使人们进一步了解资源；最后介绍了资源分析。通过对资源的学习与认识，对保护、节约、充分利用资源起着促进作用。

8 矛盾与矛盾矩阵

当工程师把所面临技术难题中的矛盾解决掉时，遇到的问题也就迎刃而解。然而技术中的矛盾是此消彼长的，即改良某一参数时，会引起另外一参数的恶化，于是就产生了矛盾，从而达不到完全改善的目的。

例如在飞机制造过程中，外壳厚度增加后，强度得到加强，但是会导致飞机整体重量增加。

还有另外一类矛盾：对技术系统中的某一参数，提出了相互排斥的要求。

例如飞机的起降装置在飞行途中无用，但是它是飞机在起降时必须拥有的装置。

这两类矛盾如何解决呢？本章将介绍矛盾的定义与分类，并剖析矛盾问题的解决流程。

8.1 产品创新的矛盾

TRIZ 把工程中常常会遇到的矛盾分为两类：技术矛盾和物理矛盾。

8.1.1 技术矛盾

技术矛盾是最常见的矛盾之一。例如增加了桌子的强度会使重量增大。此例中，改善的参数是强度，强度增加；恶化的参数是重量。桌子的两个参数“强度与重量”构成了技术矛盾。又如，增加了桌子面积会使桌子体积变大，两个参数“面积和体积”同样也构成了技术矛盾。因此技术矛盾可以看作是在同一个系统中两个参数间的矛盾，两个参数此消彼长，相互联系、依存，同时存在着制约。

再看几个不同行业中的例子。

制造业：许多工厂生产出来的产品，需要花费大量时间去打磨抛光表面，以达到较高的光洁度。其中构成技术矛盾的两个参数是光洁度和时间。

电子业：电子设备的显示器通常需要较高的亮度，但提高亮度的同时也使显示器的寿命减少。其中构成技术矛盾的两个参数是亮度和寿命。

能源业：由于现在矿产资源稀少，需要去更加复杂、危险的环境开采更多的数量，所以就会需要更先进、复杂、昂贵的设备，还需复杂的流程。其中构成技术矛盾的两个参数是数量和成本。

农业：害虫是影响粮食产量的重要因素，为了保证农作物的正常成长，常用的做法是喷洒各种农药，但是农药会残留在农作物上，食用会影响人和其他动物的健康。这里，改善的是害虫造成的农作物损失，但是农药残留对人类和其他动物的健康却造成了损害。

8.1.2 物理矛盾

物理矛盾也是最常见的矛盾之一。例如老虎和驯兽员间的矛盾，既要老虎表现出野性来增强表演效果，又不能表现出野性以免伤害驯兽员和观众，这时就会产生物理矛盾。因此可以看出物理矛盾是对系统中某一个参数而提出两种相互排斥的需求。

再看几个物理矛盾例子：

（1）为了使飞机获得更大的升力，可以将飞机机翼设计的尽量大，但是会造成飞机在飞行时的阻力增大，因此又应该让机翼变小。

（2）为了写出比较细的文字，可以使笔尖变细，但是为了纸张不被笔尖划破，又应将笔尖变粗。

从上述例子中不难看出，物理矛盾只是针对系统中的某一参数而言，这个参数所行使的功能是相互排斥或相反的，无论是宏观还是微观，都有存在物理矛盾的参数。常见的物理矛盾如表8-1所示。

表8-1 常见的物理矛盾

功能类	几何类	材料及能量类
喷射与堵塞	长与短	多与少
推与拉	对称与非对称	密度与大小
冷与热	平行与交叉	导热系数高与低
快与慢	厚与薄	温度高与低
运动与静止	圆与非圆	时间长与短
强与弱	锋利与钝	黏度高与低
软与硬	宽与窄	功率大与小
成本高与低	水平与垂直	摩擦力大与小

8.2 39个通用技术参数

为了方便定义技术矛盾，阿奇舒勒将在大量专利文献中发现的在各行各业都存在的工程参数总结成39个参数，称之为39个通用技术参数。阿奇舒勒分析认为，39个通用技术参数就能够描述工程领域中出现的大多数技术矛盾。同样可以认为，39个通用技术参数就是连接实际问题与TRIZ的桥梁，借助这39个通用技术参数可以将一个实际问题转换并表达为标准的TRIZ问题。具体的39个通用技术参数如表8-2所示。

在39个通用技术参数中，任意两个不同的参数可以表示一对技术矛盾。通过组合，可以表示1482种最常见、最典型的技术矛盾，足以描述工程领域中出现的绝大多数问题。因此，准确地理解每个参数的含义，有助于从问题中正确地抽取矛盾。下面对这些工程参数进行简要解释。

表 8-2　39 个通用技术参数

（1）运动物体的重量	（14）强度	（27）可靠性
（2）静止物体的重量	（15）运动物体的作用时间	（28）测量精度
（3）运动物体的长度	（16）静止物体的作用时间	（29）制造精度
（4）静止物体的长度	（17）温度	（30）作用于物体的有害因素
（5）运动物体的面积	（18）照度（或光强度）	（31）物体产生的有害因素
（6）静止物体的面积	（19）运动物体的能量消耗	（32）可制造性
（7）运动物体的体积	（20）静止物体的能量消耗	（33）操作流程的方便性
（8）静止物体的体积	（21）功率	（34）可维修性
（9）速度	（22）能量损失	（35）适应性及通用性
（10）力	（23）物质损失	（36）系统的复杂性
（11）应力或压强	（24）信息损失	（37）控制和测量的复杂性
（12）形状	（25）时间损失	（38）自动化程度
（13）稳定性	（26）物质的量	（39）生产率

（1）运动物体的重量：物体在运动状态下所受重力大小。

（2）静止物体的重量：物体在静止状态下所受重力大小。

（3）运动物体的长度：物体在运动状态下的任意线性尺寸。

（4）静止物体的长度：物体在静止状态下的任意线性尺寸。

（5）运动物体的面积：物体在运动状态下的内外表面积、平面、凹凸面的面积等。

（6）静止物体的面积：物体在静止状态下的内外表面积、平面、凹凸面的面积等。

（7）运动物体的体积：运动物体占据的空间。

（8）静止物体的体积：静止物体占据的空间。

（9）速度：物体的速度或者效率，或者过程、作用与完成所需时间的比值。

（10）力：作用于单个物体上或多个物体之间来试图改变物体状态的作用。

（11）应力或压强：物体单位面积上所作用的力。

（12）形状：物体的外貌。

（13）稳定性：物体在外界的影响下可以保持不变的能力。

（14）强度：物体在外界的破坏力施加下可以保持不被损坏的能力。

（15）运动物体的作用时间：物体在运动状态下实现所需性能的时间。

（16）静止物体的作用时间：物体在静止状态下实现所需性能的时间。

（17）温度：物体所处的热状态。

（18）照度：物体表面上所接受到的光通量与此处表面面积的比值，也可以理解为物体的亮度、反光性和色彩等。

（19）运动物体的能量消耗：物体在运动状态下做功所消耗的能量。

（20）静止物体的能量消耗：物体在静止状态下做功所消耗的能量。

（21）功率：物体在单位时间内所做的功。

（22）能量损失：物体做无用功所损耗的能量。

（23）物质损失：物体做无用功所损耗的物质。

（24）信息损失：数据部分或全部丢失。

（25）时间损失：工作过程中停止工作的时间。

（26）物质的量：组成一个物体所需物质的数量。

（27）可靠性：工作过程中没有出现过故障或极少出现故障。

（28）测量精度：物体性质的测量值与实际值间的偏差程度。

（29）制造精度：生产出成品的性能与设计时所希望的性能之间的误差。

（30）作用于物体的有害因素：使物体性能衰退的外界有害作用。

（31）物体产生的有害因素：使物体性能衰退的内部有害作用。

（32）可制造性：物体的制造过程方便或简易。

（33）操作流程的方便性：物体在使用或操作上可控性很高。

（34）可维修性：物体在出现故障或损坏后，可以在短暂时间内较为容易的修复。

（35）适应性及通用性：物体可以在任何环境下存在并发挥功效。

（36）系统的复杂性：组成物体的元素多种多样。

（37）控制和测量的复杂性：对物体进行控制或测量时需要的物质多种多样，即不易控制或测量。

（38）自动化程度：物体可在无人控制操作下完成任务。

（39）生产率：在单位时间内物体能够完成所需性能或操作的总共次数。

为应用方便和便于掌握规律，按参数自身定义的特点，可将 39 个通用工程参数分为三类：

一是通用物理及几何参数。通用物理及几何参数是描述物体的物理及几何特性的参数，指 1~12，17，18，21 共 15 个参数。

二是通用技术负向参数。通用技术负向参数是指这些参数变大时，使系统或子系统的性能变差，指 15，16，19，20，22~26，30，31 共 11 个参数。

三是通用技术正向参数。通用技术正向参数是指这些参数变大时，使系统或子系统的性能变好，指 13，14，27~29，32~39 共 13 个参数。

8.3 两类矛盾及关系

8.3.1 定义技术矛盾

定义技术矛盾可分为以下三步：

第一步：问题是什么？分析问题，找到切入点。

第二步：目前解决方案是什么？找到需要改变的参数 A。

第三步：目前解决方案的缺点是什么？找到恶化了的参数 B。

例如：火箭喷嘴变形问题。火箭的上升需要上升力→需要喷出高温高压气体→喷嘴变形→发射失败。

第一步：问题是什么？火箭的上升需要上升力。

第二步：目前解决方案是什么？使用高温高压的气体来提供上升所需要的升力。

第三步：目前解决方案的缺点是什么？高温高压的气体会使喷嘴产生变形。经以上三步最终找到导致失败的一对技术矛盾。

8.3.2 定义物理矛盾

定义物理矛盾可分为以下四步：

第一步：因果分析技术系统。

第二步：在因果分析结果中寻找技术矛盾。

第三步：获得物理矛盾，即为一参数提出互斥的两个要求。

第四步：将各个参数的优点集于一体，从而构建出理想状态的技术系统。

例如：自行车制造。在制造自行车时，自行车整体的车身需要非常牢固，因此需要更好的材料或者使用较重的材料，这样会导致自行车变得昂贵或者骑行时会感到非常费力。

针对以上例子中的问题，可以按照以上的步骤找到所需参数，即获得物理矛盾为：自行车车身的材料密度既要求是高的，同时又要求是低的。

8.3.3 技术矛盾与物理矛盾的关系

通常，技术矛盾较为明显，物理矛盾较为隐蔽。然而技术矛盾是可以向物理矛盾转换的，例子如下：

（1）车辆和道路。技术矛盾：车辆增加提供了行车便利，但加重了道路拥堵。物理矛盾：希望车辆增加以提供行车便利，但车辆太多会使道路发生拥堵。

（2）笔记本电脑的屏幕。技术矛盾：屏幕大，观看方便，但使携带不便。物理矛盾：希望屏幕大使得观看方便，但又不希望屏幕大使携带不便。

（3）螺钉结构问题。技术矛盾：螺钉可自由拧入/拧出，装拆方便，但却容易松动。物理矛盾：螺钉应是动的，又应是不可动的。

技术矛盾和物理矛盾两者的区别：

（1）前者针对两个参数，后者是一个参数。

（2）前者关系到整个系统的功能，后者只是关于系统中一个组件的物理特性。

（3）后者比前者更能体现出问题的实质。

8.4 40个发明原理及详解

通过对大量发明专利的分析、研究和总结，阿奇舒勒发现发明家们用来求解发明问题的常用方法是有限的。他将这些方法进行提炼，归纳总结为40种，称之为TRIZ理论的40个发明原理。它是TRIZ理论解决技术问题特别是技术矛盾的关键。本节对40个发明原理进行逐一解释并配备适当的实例，以期学习者能够快速掌握。

原理1：分割

分割原理体现在3个方面：

（1）将物体分割为独立部分。

比如：用个人计算机代替大型计算机；用卡车加拖车的方式代替大卡车；用烽火传递信息（分割信息传递距离）；在大项目中应用工作分解结构。

（2）使物体成为可组合的（易于拆卸和组装）。

比如：组合式家具；橡胶软管可利用快速拆卸接头连接成所需要的长度。

（3）增加物体被分割的程度。

比如：用软的百叶窗代替整幅大窗帘；电子线路板表面贴装技术中所使用的锡膏，主要成分是粉末状的焊锡，用这种焊锡替代传统焊接用的焊锡丝和焊锡条，从而大大地提升了焊接的透彻程度。

原理2：抽取

抽取原理体现在2个方面：

（1）将物体中“负面”的部分或特性抽取出来。

比如：由于压缩机用于压缩空气，所以将嘈杂的压缩机放在室外。

（2）只从物体中抽取必要的部分或特性。

比如：用狗叫声作为报警器的报警声，而不用养一条真正的狗。

原理3：局部质量

局部质量原理体现在3个方面：

（1）将物体或外部环境的同类结构转换成异类结构。

比如：采用温度、密度或压力的梯度，而不用恒定的温度、密度或压力。

（2）使物体的不同部分实现不同的功能。

比如：带橡皮擦的铅笔，带起钉器的榔头；多功能的工具，不同部分可作为普通钳子、剥线钳、普通螺丝刀、十字螺丝刀和指甲修剪工具等使用。

（3）使物体的每一部分处于最有利于其运行的条件下。

比如：快餐饭盒中设置不同的间隔区来分别存放热、冷食物和汤。

原理4：非对称

非对称原理体现在2个方面：

（1）用非对称形式代替对称形式。

比如：非对称容器或者对称容器中的非对称搅拌叶片可以提高混合的效果（如水泥搅拌车等）；模具设计中，对称位置的定位销设计成不同直径，以防安装或使用中出错。

（2）如果对象已经是非对称，增加其非对称的程度。

比如：将圆形的垫片改成椭圆形甚至特别的形状来提高密封程度。

原理5：合并

合并原理体现在2个方面：

（1）合并空间上的同类或相邻的物体或操作。

比如：网络中的个人计算机；并行处理计算机中的多个微处理器；合并2部电梯来提升一个宽大的物体（拆掉连接处的隔板）。

（2）合并时间上的同类或相邻的物体或操作。

比如：把百叶窗中的窄条连起来；同时分析多项血液指标的医疗诊断仪器；现代冷热水龙头，调温通过转动完成，将过去的2个水龙头合并为一个水龙头。

原理6：普遍性

普遍性原理：使得物体或物体的一部分实现多种功能，以代替其他部分的功能。

比如：内部装有牙膏的牙刷柄；将汽车上的小孩安全座位转变成小孩推车；小组领导人充当记录员和计时员。

原理 7：嵌套

嵌套原理体现在 2 个方面：

（1）将第 1 个物体嵌入第 2 个物体，然后将这 2 个物体一起嵌入第 3 个物体……

比如：（一组）量杯（匙）；俄罗斯套娃。

（2）让物体穿过另一物体的空腔。

比如：伸展天线；伸缩变焦镜头。

原理 8：配重

配重原理体现在 2 个方面：

（1）将一个物体与另一能产生提升力的物体组合，来补偿其重量。

比如：在一捆原木中加入泡沫材料，使之更好地漂浮；用气球悬挂广告条幅。

（2）通过与环境（利用气体、液态的动力或浮力等）的相互作用实现物体重量的补偿。

比如：飞机机翼的形状可以减小机翼上面的密度，增加机翼下面空气的密度，从而产生升力；水翼可使船只整个或部分浮出水面，减小阻力。

原理 9：预先反作用

预先反作用原理体现在 2 个方面：

（1）预先施加反作用。

比如：在溶液中加入缓冲剂来防止高 pH 值带来的危害。

（2）如果物体将处于受拉伸工作状态，则预先施加压力。

比如：在浇筑混凝土之前对钢筋进行预压处理。

原理 10：预先作用

预先作用原理体现在 2 个方面：

（1）事先完成部分或全部的动作或功能。

比如：不干胶纸；卷状食品保鲜袋，事先在 2 个保鲜袋间切口，但保留部分相连，使用时可以轻易拉断相连部分。

（2）在方便的位置预先安置物体，使其在第一时间发挥作用，避免时间的浪费。

比如：停车位的秒表；柔性制造单元等。

原理 11：预先应急措施

预先应急措施原理：针对物体相对较低的可靠性，预先准备好相应的应急措施。

比如：降落伞、消防设施。

原理 12：等势原则

等势原则原理：在势能场中，避免物体位置的改变。

比如：电子线路设计中，避免电势差大的线路相邻；在两个不同高度水域之间的运河上的水闸。

原理 13：逆向思维

逆向思维原理体现在 3 个方面：

（1）颠倒过去解决问题的办法。

比如：为了松开粘连在一起的部件，不是加热外部件，而是冷却内部件。

（2）使物体的活动部分改变为固定的，让固定的部分变为活动的。

比如：旋转部件而不是旋转工具；健身跑步机。

（3）翻转物体（或过程）。

比如：翻转容器以倒出谷物；将杯子倒置，以便从下面喷水清洗。

原理14：曲面化

曲面化原理体现在3个方面：

（1）将直线、平面用曲线、曲面代替，立方体结构改成球体结构。

比如：在建筑中采用拱形或圆屋顶来增加强度；结构设计中，用圆角过渡避免应力集中。

（2）使用滚筒、球体、螺旋等结构。

比如：圆珠笔的球状笔尖使得书写流利，而且提高了圆珠笔的使用寿命。

（3）从直线运动改成旋转运动，利用离心力。

比如：用洗衣机甩干衣物，代替原来拧干的方法。

原理15：动态化

动态化原理体现在3个方面：

（1）使物体或其环境自动调节，以使其在每个动作阶段的性能达到最佳。

比如：汽车的可调节式方向盘（或可调节式座位、后视镜等）。

（2）把物体分成几个部分，各部分之间可相对改变位置。

比如：折叠椅、笔记本电脑等。

（3）将不动的物体改变为可动的，或具有自适应性。

比如：用来检查发动机柔性的内孔窥视仪；医疗检查中用到的柔性状结肠镜等。

原理16：不足或超额行动

不足或超额行动原理：如果用现有的方法很难完成对象的100%，可用同样的方法完成“稍少”或“稍多”一点，问题可能变得相当容易解决。

比如：大型船只在制船厂制造时，往往先不安装船体上部的结构，以避免船只从船厂驶往港口的过程中受制于途中的桥梁高度，待船只到达港口后再安装上部的结构；油印印刷时，滚筒涂布全表面的印油，印刷到纸张上的是需要的字体部分，其他的印油被蜡纸所阻挡；表面贴装技术的锡膏印刷工艺，锡膏印刷机的刮刀涂布是全面积的，而印刷到电路板上的只是钢网开孔对应的焊盘上，其他的被钢网阻挡。

原理17：一维变多维

一维变多维原理体现在4个方面：

（1）将物体从一维变到二维或三维空间。

比如：螺旋梯可以减少所占用的房屋面积。

（2）用多层结构代替单层结构。

比如：多碟CD机可以增加音乐的时间，丰富选择。

（3）使物体倾斜或侧向放置。

比如：自动装卸车。

（4）使用给定表面的“另一面”。

比如：印制电路板经常采用两面都焊接电子元器件的结构，比单面焊接节省面积。

原理18：机械振动

机械振动原理体现在5个方面：

（1）让物体处于振动状态。

比如：电动剃须刀。

（2）对有振动的物体，则增加振动的频率（甚至到超声波频率范围）。

比如：振动送料器。

（3）使用物体的共振频率。

比如：用超声波共振来粉碎胆结石或肾结石。

（4）用压电振动器代替机械振动器。

比如：石英晶体振荡驱动高精度的钟表。

（5）使用超声波和电磁场振荡耦合。

比如：在高频炉里混合合金，使混合均匀。

原理19：周期性动作

周期性动作原理体现在3个方面：

（1）用周期性动作或脉动代替连续的动作。

比如：松开生锈的螺母时，用间歇性猛力比持续拧力有效。

（2）如果行动已经是周期性的，则改变其频率。

比如：用频率调制来传送信息，而不用Morse编码。

（3）利用脉动之间的间隙来执行另一动作。

比如：在心肺呼吸中，每5次胸腔压缩后进行呼吸。

原理20：有效作用的连续性

有效作用的连续性原理体现在2个方面：

（1）持续采取行动，使对象的所有部分都一直处于满负荷工作状态。

比如：在工厂里，使处于瓶颈地位的工序持续地运行，达到最好的生产步调。

（2）消除空闲的、间歇的行动和工作。

比如：打印头在回程过程中也进行打印。

原理21：紧急行动

紧急行动原理：快速地执行一个危险或有害的作业。

比如：牙医使用高速电钻，避免烫伤口腔组织；快速切割塑料，在材料内部的热量传播之前完成，避免变形。

原理22：变害为利

变害为利原理体现在3个方面：

（1）利用有害的因素（特别是对环境的有害影响）来取得积极效果。

比如：用废弃的热能来发电；废品的回收二次利用。

（2）“以毒攻毒”，用另一个有害作用来中和，以消除物体所存在的有害作用。

比如：在腐蚀性的溶液中添加缓冲剂；在潜水中使用氦氧混合气来消除空气或其他硝基混合物带来的氧中毒。

（3）加大有害因素的程度。

比如：用逆火烧掉一部分植物，形成隔离带，来防止森林大火的蔓延。

原理23：反馈

反馈原理体现在2个方面：

（1）通过引入反馈来改善性能。

比如：音乐喷泉；系统过程控制中，用测量值来决定什么时候对系统进行修正。

（2）如果已经引入了反馈，则改变其大小和作用。

比如：在机场8.05km范围内，改变自动驾驶仪的灵敏度。

原理24：中介物

中介物原理体现在2个方面：

（1）采用中介物传递或完成所需动作。

比如：木匠的冲钉器，用在榔头和钉子之间；机械传动中的惰轮。

（2）把一个物体和另一个物体临时结合在一起（随后能比较容易地分开）。

比如：用托盘把热盘子端到餐桌上。

原理25：自服务

自服务原理体现在2个方面：

（1）使物体具有自补充和自恢复功能以完成自服务。

比如：饮水机。

（2）利用废弃的资源、能量或物资。

比如：麦秸或玉米秆等直接填埋做下一季庄稼的肥料。

原理26：复制

复制原理体现在3个方面：

（1）使用更简单、更便宜的复制品代替难以获得的、昂贵的、复杂的、易碎的物体。

比如：虚拟驾驶游戏机；听录音带而不亲自参加研讨会。

（2）用光学复制品或图形来代替实物，可以按比例放大或缩小图形。

比如：用空间摄影技术进行调查，而不是实地进行；通过测量其照片来测量一个对象；产生谱图来评估胎儿的健康状况，而不冒险采用直接测量的方法。

（3）如果可视的光学复制品已经被采用，进一步扩展到红外线或紫外线复制品。

比如：用红外图像来检测热源，例如对农作物疾病，或者安保系统中的入侵者。

原理27：一次性用品

一次性用品原理：用廉价的物品代替一个昂贵的物品，在某些质量特性上做出妥协（例如使用寿命）。

比如：使用一次性的纸用品，避免由于清洁和储存耐用品带来的费用，例如酒店里的塑料杯、一次性尿布、多种一次性的医疗用品。

原理28：机械系统的替代

机械系统的替代原理体现在4个方面：

（1）用感官刺激的方法代替机械手段。

比如：用声学“栅栏”（动物可听见的声学信号）代替真正现实中的栅栏，来限制狗或猫的行动；在天然气中加入气味难闻的混合物，警告用户发生了泄露，而不采用机械或电器类的传感器。

（2）采用与物体相互作用的电、磁或电磁场。

比如：为了混合两种粉末，用产生静电的方法使一种产生正电荷，另一种产生负电荷。用电场驱动它们，或者先用机械方法把它们混合起来，然后使它们获得电场，促成粉末颗粒成对的结合起来。

（3）场的替代：从恒定场到可变场，从固定场到随时间变化的场，从随机场到有组织的场。

比如：早期通信中采用全方位的发射，现在使用有特定发射方式的天线。

（4）将场和铁磁离子组合使用。

比如：铁磁催化剂，呈现顺磁状态。

原理 29：气体与液压结构

气体与液压结构原理：使用气体或液体代替物体的固体零部件，这些零部件可使用气体或水的膨胀，或空气或液体的静压缓冲功能。

比如：充满凝胶体的鞋底填充物，使鞋穿起来更舒服；把车辆减速时的能量储存在液压系统中，然后在加速时使用这些能量。

原理 30：柔性外壳和薄膜

柔性外壳和薄膜原理体现在 2 个方面：

（1）使用柔性外壳和薄膜代替传统结构。

比如：使用膨胀的（薄膜）结构作为冬天里网球场上空的遮盖；充气儿童城堡。

（2）用柔性外壳和薄膜把对象和外部环境隔开。

比如：在贮水池上漂浮一层双极材料（一面亲水，一面厌水）来限制水的蒸发作用。

原理 31：多孔材料

多孔材料原理体现在 2 个方面：

（1）使物体多孔或添加多孔元素（如插入、涂层等）。

比如：机翼用泡沫金属；在一个结构上钻孔以减轻重量。

（2）如果一个物体已经是多孔的，则利用这些孔引入有用的物质或功能。

比如：用多孔的金属网吸走接缝处多余的焊料；药棉。

原理 32：改变颜色

改变颜色原理体现在 4 个方面：

（1）改变物体或周围环境的颜色。

比如：在冲洗照片的暗房中使用红色暗灯。

（2）改变难以观察的物体或过程的透明度或可视性。

比如：感光玻璃；在半导体的处理过程中，采用照相平版印刷术将透明材料改成实心遮光板，同时在丝绢网印花处理中，将遮盖材料从透明改成不透明。

（3）采用有颜色的添加剂，使不易观察的物体或过程容易观察到。

比如：研究水流实验中，给水加入颜料。如果已经加入了颜色添加剂，则借助发光迹线追踪物质。

原理33：同质性

同质性原理：将物体或与其相互作用的其他物体用同一种材料或特性相近的材料制作。

比如：使用与容纳物相同的材料来制造容器，以减少化学反应的发生；用金刚石制造钻石的切割工具。

原理34：抛弃与再生

抛弃与再生原理体现在2个方面：

（1）抛弃或改变物体中已经完成其功能和无用的部分（通过溶解、蒸发等手段）。

比如：在药品中使用消融性胶囊；火箭飞行中的分离抛弃。

（2）在过程中迅速补充物体所消耗和减少的部分。

比如：自动铅笔；自动磨快刀片的割草机。

原理35：物理/化学状态变化

物理/化学状态的变化原理：改变物体的物理/化学状态（浓度/密度，柔性，温度）。

比如：在制作甜心糖果的过程中，先将液态的夹心冰冻，然后浸入溶化的巧克力中，这样避免处理杂乱、胶黏的热液体；将氧气、氮气或石油气从气态转换为液态，以减小体积；液体肥皂是浓缩的，而且从使用的角度看比固体肥皂更有黏性，更容易分配合适的用量，当多人使用时也更加卫生；用可调节的消音器来降低货物装入集装箱时的噪声，主要是限制集装箱壁的振动；使橡胶硫化（硬化）来改变其柔韧性和耐久性；温度升高到居里点以上，将铁磁体改变成顺磁体；通过升高温度来加工食物（改变食物的味道、香味、组织、化学性质等）；降低医学标本的温度来保存它们，以用于今后的研究。

原理36：相变

相变原理：利用物体相变转换时发生的某种效应或现象（例如热量的吸收或释放引起物体体积变化）。

比如：与其他大多数液体不同，水在冷冻结冰后会膨胀。可以用于爆破；热水泵就是利用一个封闭的热力学循环中蒸发和冷凝的热量来做有用功的。

原理37：热膨胀

热膨胀原理体现在2个方面：

（1）利用热膨胀或热收缩的材料。

比如：过盈配合装配中，冷却内部件使之收缩，加热外部件使之膨胀，装配完成后恢复到常温，内、外部件就实现了紧配合装配。

（2）组合使用多种具有不同热膨胀系数的材料。

比如：双金属片传感器，使用两种不同热膨胀系数的金属材料并将其连结在一起，当温度变化时双金属片会发生弯曲。

原理38：加速氧化

加速氧化原理体现在4个方面：

（1）使用富氧空气代替普通空气。

比如：水下呼吸器中存储浓缩空气，以保持人能长久呼吸。

（2）使用纯氧代替富氧空气。

比如：用氧气——乙炔火焰做高温切割；用高压氧气处理伤口，既杀灭厌氧细胞，又帮助伤口愈合。

（3）使用电离射线处理空气或氧气，使用电离子化的氧气。

比如：空气过滤器通过电离空气来捕获污染物。

（4）用臭氧代替离子化的空气。

比如：臭氧溶于水中去除船体上的有机污染物。

原理 39：惰性环境

惰性环境原理体现在 2 个方面：

（1）用惰性气体环境代替通常环境。

比如：用氩气等惰性气体填充灯泡，防止发热的金属灯丝氧化。

（2）在真空中完成过程。

比如：在粉末状的清洁剂中添加惰性成分，以增加其体积。这样更易于用传统的工具来测量；真空包装。

原理 40：复合材料

复合材料原理：从单一材料改成复合材料。

比如：复合的环氧树脂/碳素纤维高尔夫球杆更轻，强度更好，而且比金属更具有柔韧性，用做航空材料时也是相同的情况。玻璃纤维制成的冲浪板更轻、更容易控制，而且与木制的相比更容易做成各种不同的形状。

8.5 矛盾矩阵

40 个发明原理就是消除矛盾的途径，问题是消除矛盾时该用哪些原理，哪些原理最有效？有没有一种方法或工具，能引导我们快速找到要用的发明原理呢？当然有，那就是阿奇舒勒矛盾矩阵（见附录）。

阿奇舒勒矛盾矩阵是由 39×39 个通用技术参数和 40 个发明原理构成的矛盾矩阵表。在阿奇舒勒的矛盾矩阵中，将 39 个通用技术参数横向、纵向顺次排列，横向代表恶化的参数，纵向代表改善的参数。在技术参数纵横交叉的方格内的数字，表示建议使用的 40 个发明原理的序号，这些原理是最有可能解决问题的原理与方法，是解决技术矛盾的关键。

在技术参数纵横交叉的方格内存在三种情况：第一种是方格内有 1~4 组数，表示建议使用的 40 个发明原理的序号；第二种情况是在没有数的方格中，“+”方格处于相同参数的交叉点，表示系统矛盾由一个因素导致，这是物理矛盾，不在技术矛盾的应用范围内；第三种情况是在没有数的方格中，“-”方格处于不同参数的交叉点，表示暂时没有找到合适的发明原理来解决这类技术矛盾。在矛盾矩阵中，只要我们清楚了欲“改善的参数”和“恶化的参数”，就可以在矛盾矩阵中找到一组相对应的发明原理序号，这些原理就构成了矛盾可能解的集合。例如，欲改善的技术参数是“运动物体的重量”，即加大

"运动物体的重量"，随之恶化的技术参数是"速度"，即"速度"损失，见表8-3。

表8-3 查找阿奇舒勒矛盾矩阵

项目	恶化的参数→	1	2	3	4	5	6	7	8	9	10
改善的参数↓		运动物体的质量	静止物体的质量	运动物体的长度	静止物体的长度	运动物体的面积	静止物体的面积	运动物体的体积	静止物体的体积	速度	力
1	运动物体的重量	+		15，8，29，34		29，17，38，34		29，2，40，28		2，8，15，38	8，10，18，37
2	静止物体的重量	−	+	−	10，1，29，35	—	35，30，13，2		5，35，14，2		8，10，19，35

首先沿"改善的参数"箭头方向，从矩阵的第2列向下查找欲"改善的参数"所在的位置，得到"1运动物体的重量"；然后沿"恶化的参数"箭头方向，从矩阵的第1行向右查找被"恶化的参数"所在位置，得到"9速度"；最后，以改善的技术参数所在的行和恶化的技术参数所在的列，对应到矩阵表的方格中，方格中有系列数字，这些数字就是建议解决此对工程矛盾的发明原理的序号，这4个号码分别是2，8，15，38，即对应发明原理：2抽取；8重量补偿；15动态特性；38强氧化剂。也就是2，8，15，38号发明原理常被人们用来解决"运动物体的重量"与"速度"之间的技术矛盾，在本书的后面，会通过更多的实例做出详细介绍。

8.6 应 用 实 例

8.6.1 模具钢H13锻压破晶方法的案例

在锻压系统中水压机是最主要的设备，经过缓冷后的H13电渣锭由夹具夹持，平放在下砧块上，选择好锻造面之后，启动水压机的锻锤向下作用，由上砧块直接作用于钢锭的表面，对钢锭进行挤压变形。外界的强大作用力将使钢锭内部的粗大晶粒进行破碎、细化。为了能够更加有效地细化晶粒和提高致密度，整个锻造过程需要将钢锭进行反复"墩粗"和"拉伸"，最后获得细晶粒、高致密度的电渣重熔钢锭。

改善电渣重熔钢锭锻压过程中破晶程度属于技术冲突问题，存在技术矛盾，即在电渣重熔技术基础上，使锻压过程凝固枝晶破碎完全的同时不降低生产率，保证电渣重熔H13钢锭的强度、外形和操作流程的方便性。查阅TRIZ矛盾矩阵表得到表8-4。

表8-4 模具钢H13锻压破晶矛盾矩阵表

恶化的参数 / 改善的参数	形状	操作流程的方便性	生产率
力	10，35，40，34	1，28，3，25	3，28，35，17
强度	10，30，35，40	32，40，25，4	5，35，10，14

根据实际生产情况，对得到的 13 个标准解决方法进行评价和筛选，形成最终的解决方案。

枝晶凝固速度越大，树枝状晶的枝间距越小。不同的铸锭方法，由于凝固速度的不同，树枝状晶的枝间距是不同的。电渣锭的二次树枝晶轴间距比普通锭小得多，因而显微偏析也小得多。二次枝晶的枝晶间距越小，组织就越致密，晶粒度越小，钢锭发生疏松、缩孔、偏析等缺陷的可能性就越小，可以极佳地提高钢锭的机械性能。通过 1 号分割原理和 25 号自服务原理，即增加物体的分割程度；物体为自己服务完成辅助和修理工作，让电渣重熔过程中电渣钢锭自动完成晶粒的细化问题。最终形成具体方案，方案图如图 8-1 所示。

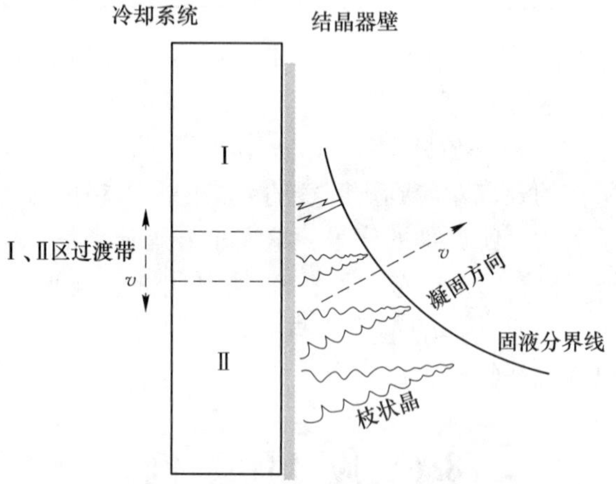

图 8-1 电渣炉冷却系统设计方案图

具体方案：改变电渣炉的冷却系统。将传统的电渣炉冷却系统，由具有单一冷却速度功能的冷却系统更改为具有随着凝固区变化而变化的连续式冷却速度功能的冷却系统。将传统的冷却系统分开，由Ⅰ、Ⅱ两个部分组成，Ⅰ区的冷却速度与传统的冷却速度一致，Ⅱ区的冷却速度比Ⅰ区高，因为Ⅱ区相对应的凝固部分枝状晶已经成型正在生长二次枝状晶，提高冷却速度可以使这区域的二次晶的枝晶间距减小，提高晶粒度等级。Ⅰ、Ⅱ区过渡带可以用感应装置进行“带动”，过渡带可以随着固液分界线的升高而升高，此区域应有温度梯度，连续地由Ⅱ区“低温”过渡到Ⅰ区“高温”。

8.6.2 提高超细粉末成型率的案例

超细粉末预处理完成后，按配比加入黏结剂后进行坩埚的成型，由于坩埚较大，粉体较细较硬，在现有的液压成型参数工艺下成型困难，成型率在 10%左右，经常出现断层、粘壁等问题。就如何提高超细粉末的成型率作为研究问题。

研究如何提高超细粉末制备抗冲腐蚀坩埚的成型率，不难发现存在着这样一对矛盾：在提高模具精度的同时（模具打磨光滑），在粉末成型的过程中必然造成模具的可维修性下降，需要多次对模具进行打磨处理，即提高精度-维修性下降这一对技术矛盾。将上述矛盾矩阵带入 TRIZ 创新理论所提供的矩阵中，获得的解决方案如图 8-2 所示。

矛盾矩阵(选择矛盾)

改善的 参数 \ 恶化的 参数	32. 可制造性	33. 操作流程的方便性	34. 可维修性	35. 适应性，通用性	36. 系统的复杂性
18. 照度	19,35,28,26	28,26,19	15,17,13,16	15,1,19	6,32,13
19. 运动物体的能量消耗	28,26,30	19,35	1,15,17,28	15,17,13,16	2,29,27,28
20. 静止物体的能量消耗	1,4				
21. 功率	26,10,34	26,35,10	35,2,10,34	19,17,34	20,19,30,34
22. 能量损失		35,32,1	2,19		7,23
23. 物质损失	15,34,33	32,28,2,24	2,35,34,27	15,10,2	35,10,28,24
24. 信息损失	32	27,22			
25. 时间损失	35,28,34,4	4,28,10,34	32,1,10	35,28	6,29
26. 物质的量	29,1,35,27	35,29,10,25	2,32,10,25	15,3,29	3,13,27,10
27. 可靠性		27,17,40	1,11	13,35,8,24	13,35,1
28. 测量精度	6,35,25,18	1,13,17,34	1,32,13,11	13,35,2	27,35,10,34
29. 制造精度		1,32,35,23	25,10		26,2,18
30. 作用于物体的有害因素	24,35,2	2,25,28,39	35,10,2	35,11,22,31	22,19,29,40
31. 物体产生的有害因素					19,1,31
32. 可制造性	41,42,43,44,45,46	2,5,13,16	35,1,11,9	2,13,15	27,26,1
33. 操作流程的方便性	2,5,12	41,42,43,44,45,46	12,26,1,32	15,34,1,16	32,26,12,17
34. 可维修性	1,35,11,10	1,12,26,15	41,42,43,44,45,46	7,1,4,16	35,1,13,11
35. 适应性，通用性	1,13,31	15,34,1,16	1,16,7,4	41,42,43,44,45,46	15,29,37,28
36. 系统的复杂性	27,26,1,13	27,9,26,24	1,13	29,15,28,37	41,42,43,44,45,46
37. 控制和测量的复杂性	5,28,11,29	2,5	12,26	1,15	15,10,37,28

图 8-2　技术矛盾原理对应的解决方案

从图 8-2 中可以看出，将制造精度和可维修性这对技术矛盾输入后，两者所对应的解决方案为 25 自服务原理和 10 预先作用原理。

对于 25 自助服务原理，首先明确技术矛盾影响规律，如果改进侧壁的制造精度，利用激光抛光机得到极其光滑的表面，恶化光滑侧壁长期使用损耗的维修性。基于此，通过对实际问题的分析，由创新原理，得到解决方案。

具体方案是将模具的侧壁改为可旋转式设计，即设计一种侧壁自旋转挤压模具，如图 8-3 所示。对于物件的抛光，要进行上下、左右抛光才能得到光滑的表面，给模具侧壁的液压系统加转动装置，使侧壁在使用的过程中能够顺时针、逆时针转动，随着粉料成型的上下移动实现对侧壁的抛光。使用后模具与成型粉末易于脱离，粘附明显减少，模具具备了自服务修复功能，减少了模具的打磨处理次数，提高了粉末的成型率。

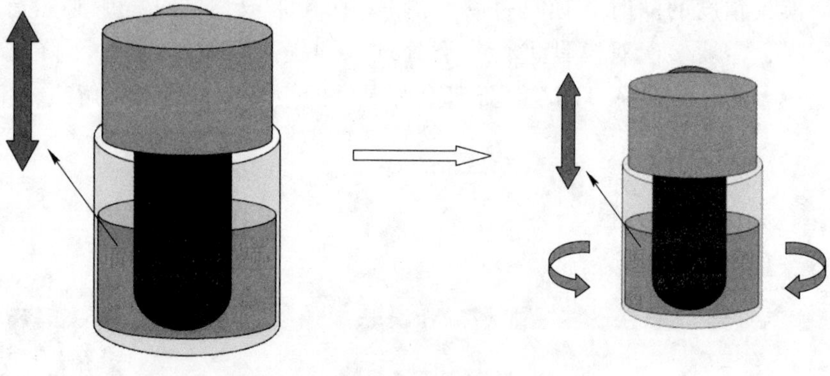

图 8-3 一种侧壁自旋转挤压模具图

思 考 题

8-1 举例说明什么是技术矛盾。

8-2 商人运用周期性作用，来加深人们对其广告及所售商品的印象。重复的规则就是“消费者要看它三次后才会购买”。请说明此方法使用的是哪条发明原理。

8-3 电脑屏幕上的缩略图起到节省屏幕空间的作用。请说明此方法使用的是哪条发明原理。

8-4 风力发电机在风大的时候需要停转，以免叶片高速旋转而离心力过大把叶片甩断。但是，如果在大风时也能够运转就能多发电，请定义此问题的技术矛盾，并使用矛盾矩阵，找出解决此问题的发明原理，并且给出解决方案。

8-5 请从自己的学习或生活中找出一个技术矛盾，定义改善的技术参数和恶化的技术参数，并利用阿奇舒勒矛盾矩阵来解决这个矛盾，说明问题的最终解决办法。

9 物场分析法

物场分析法（物质-场分析法的简称）是由根里奇·阿奇舒勒于1979年在他的著作《创造是一门精密的科学》中提出的。物场分析法是一种使用标点符号表达技术系统变换的建模技术，它以解决问题中的各种矛盾为中心，通过建立一种模型来描述系统内的问题，旨在用符号语言清楚地描述系统构成要素以及构成要素之间的相互联系。采用物场分析方法得到的系统模型为物质-场模型，简称物场模型。物场分析法为揭示造成当前困境的相互作用，并创建其物场模型这一流程提供了支持。物场分析法为创建恰当相互作用模型的流程提供了支持，因此可以了解到不恰当的相互作用被改进成为恰当的相互作用，从而得到令问题情境改善的方式和方法。

9.1 物场模型

物场是用来表示同一技术系统中两个对象的交互作用的模型，两个对象的交互是在某种特定类型的交互作用能量下产生的。交互作用的对象被称为“物质”（Substance），用S_1和S_2表示；交互作用的能量被称为“场”（Field），用F表示。

为了理解物场模型，就需要从物场模型的基本模型谈起。

最小的物场模型，应当拥有三个必不可少的元素：两种物质和一个场。只有三个基本元素以合适的方式组合，才能实现一种功能。物质-场的基本模型如图9-1所示。

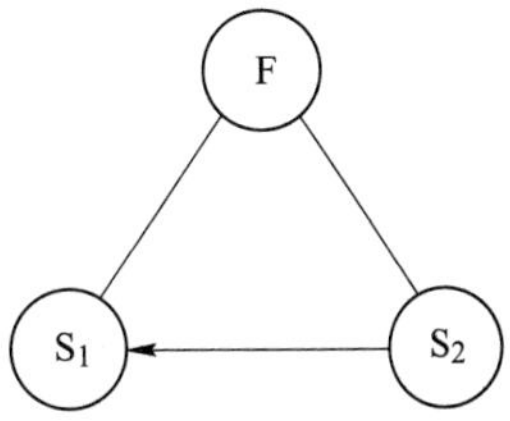

图9-1　物质-场的基本模型

“物质”这个概念，在TRIZ中表达的意思十分广泛，可以特指某种物品或实体，也可以是简单的产品，还可以是高度复杂的技术系统，可以把它们理解为是一种与任何结构、功能、形状、材质等各种复杂性质无关的对象，例如电脑、桌子、房屋、空气、水、地球、太阳、计算机等，甚至可以是人。所以，在物场模型中，两个相关的物质可以是人和锤子、锤子与钉子、钉子与木板、桌子与计算机、缆绳与重物、冰与破冰船、火箭与卫星等。物质的代号是S，多种物质利用下角标的序号来区分，如S_1、S_2、S_3等。

所谓“场”是泛指两个物体之间相互作用，如机械作用、热作用、化学作用、电作用、磁场作用、重力作用，这些作用在TRIZ中统称为场。场以其向量类型命名，如机械作用对应的为机械场、热作用对应热场。TRIZ中的场包括但不仅限于物理学所定义的实现物质微粒之间相互作用的各种物质形式的场，即不仅包括物理学中定义的场（如电场、磁场、引力场等物质形式的场），而且还包括泛指一个空间的场（技术场）如温度场、机械场、声场等。例如拍打、支撑、加热、吸引等，都可以称为是物质-场分析中的一种“场”。场的代号是F，多种场利用下角标的序号来区分，如F_1、F_2、F_3等。

可以这样来理解物场模型中三个基本元素之间的关系：S_1是功能作用体（也称被动物体），是希望发生变化的物体。S_2是功能载体（也称主动物体），是对功能作用体施加动作的物体，它使功能作用体发生改变。而场是能使这种作用发生的关键因素。由于场的作用，功能载体才能按照预定的形式改变功能作用体。任何一个完整的技术系统，经过分解后，其底层的功能都可以分解为这三个基本元素构成的一个三角形结构，即 S_1、S_2 和 F（见图 9-1）。

下面用一个简单例子来说明如何建立物场模型。

例如人们用锤子在墙上钉钉子，如图 9-2 所示。

锤子和钉子，是系统中的两种物质，钉子是功能作用体 S_1，锤子是功能载体 S_2；敲击力，是它们之间相互作用的场 F，称为机械场（或敲击场），该作用力施加于锤子 S_2上，就实现了钉钉子的功能。建立的物场模型如图 9-3 所示。

图 9-2 用锤子钉钉子

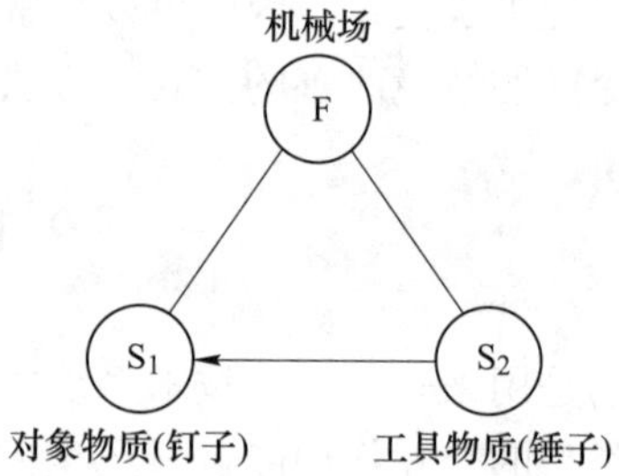

图 9-3 用锤子钉钉子的物场模型

较为复杂的物场模型，则可以用多个基本的物质-场模型连接起来，其基本连接形式有串联式和并联式两种，见图 9-4。

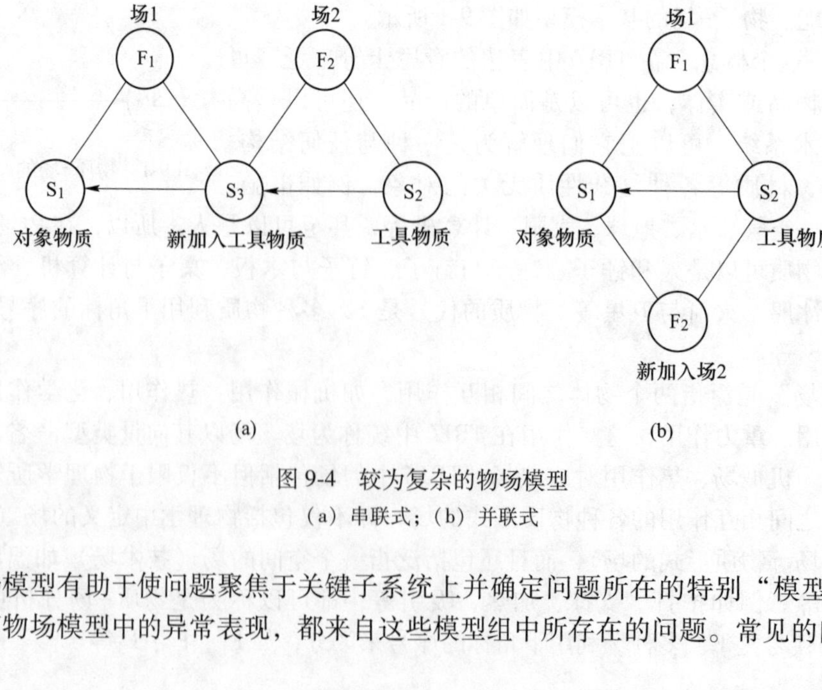

图 9-4 较为复杂的物场模型

（a）串联式；（b）并联式

物场模型有助于使问题聚焦于关键子系统上并确定问题所在的特别“模型组”，事实上，任何物场模型中的异常表现，都来自这些模型组中所存在的问题。常见的问题主要有

4种类型：

第一种：充分有用的相互作用。

例如地面对鞋子的摩擦力。地面对鞋子施加的摩擦力使人能够正常行走，这时，地面对鞋子的摩擦力实现的就是有用并且充分的相互作用。

第二种：不充分有用的相互作用。

例如冰面对鞋子的摩擦力。冰面对鞋子有摩擦力，但是力度不够，鞋子会打滑，冰面对鞋子的摩擦力不足以支撑人正常行走。

第三种：有用但过度的相互作用。

例如粗糙地面对鞋子的摩擦力。粗糙地面对鞋子有摩擦力，可以支撑人正常行走，但是摩擦力太大，鞋子会产生磨损。

第四种：有害的相互作用。

例如粗糙地面对鞋子的摩擦力会令鞋子产生磨损，从对鞋子磨损的角度分析相互作用。

其中有用但过度的相互作用与有害作用的相同点都是导致功能载体受到有害作用，不同点是过度作用还包含有用的功能，正是由于此有用功能直接导致了有害作用的发生。有害作用对应的功能一旦存在，不管其状态如何，都不会产生有用作用。

为建立针对以上问题的图形化模型描述，要用到系列表达效应的几何符号，常见的效应图形表示符号如表9-1所示。

表9-1 常用的效应图形表示符号

符号	意义	符号	意义
——————	必要的作用或效应	══════	最大或过度的作用或效应
- - - - - - -	不足、无效的作用或效应	= = = = = = =	最小的作用或效应
～～～～～	有害的作用或效应	≈≈≈≈≈	过度有害作用或效应
———→	作用方向	――― ～～～～～	有益的和有害的同时存在
══⇒	物质-场转化方向		

TRIZ理论中，常见的物场模型的类型有4类。

(1) 有效完整模型。系统中的三元件都存在，且都有效，能实现设计者追求的效应。

例9-1 地面对鞋子的摩擦力。地面对鞋子施加的摩擦力使人能够正常行走。其物场模型见图9-5。

(2) 不完整模型。系统的三元件中部分元件不存在，需要增加元件来实现有效完整功能，或用一种新功能代替，如图9-6所示。

(3) 非有效完整模型。系统中的三元件都存在，但设计者所追求的效应未能完全实现，为了实现预期的效应，需要改进系统。

例9-2 冰面行走。在冰面上行走时，由于摩擦力不足鞋底会打滑甚至使人摔倒。其物场模型见图9-7。

(4) 有害完整模型。系统中的三元件都存在，但产生与设计者追求的效应相冲突的效应。创新的过程中要消除有害效应。

例9-3 隐形眼镜。隐形眼镜不仅在外观上和方便性方面较之普通眼镜有了很大的改善，而且在控制青少年近视、散光发展等方面也发挥了特殊的功效。但是由于它覆盖在角膜表面，会影响角膜的直接呼吸作用，而且戴隐形眼镜会造成眼睛分泌物增加，也会引起眼睛的不适，还会引起有些人暂时性的结膜充血、角膜知觉减退等。其物场模型见图9-8。

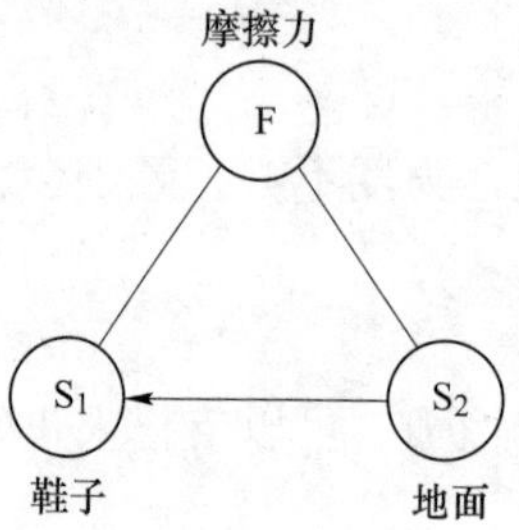

图 9-5 地面对鞋子的摩擦力物场模型

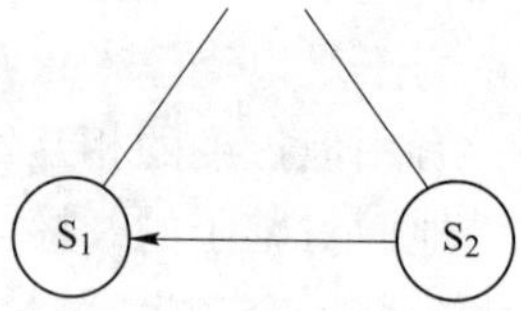

图 9-6 不完整模型

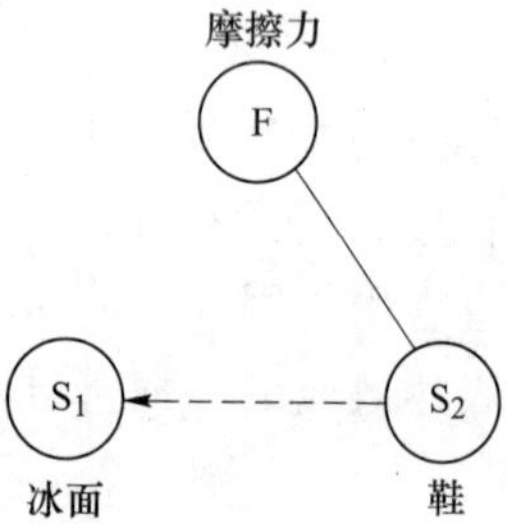

图 9-7 冰面行走的物场模型

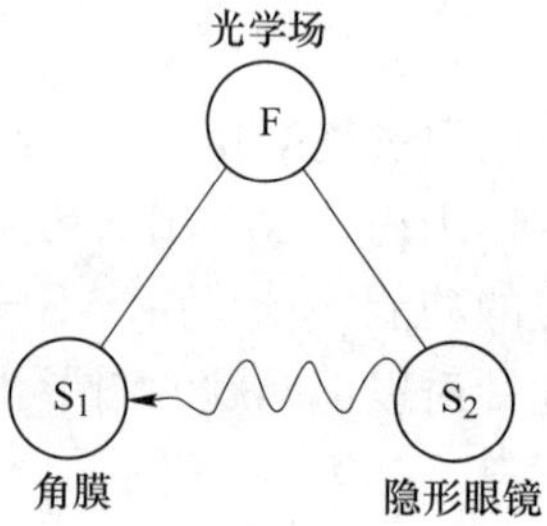

图 9-8 隐形眼睛的物场模型

物场模型分析是一种重要的问题描述和分析工具，用来建立与已存在的系统或新技术系统问题相联系的功能模型。

TRIZ 中关注了 3 种非正常模型，即不完整模型、非有效完整模型、有害完整模型，并提出了物场模型的 76 个标准解法，下面将介绍物场模型的 76 个标准解法。

9.2 标准解法系统

9.2.1 标准解法的由来

TRIZ 通过对大量专利库的分析研究发现，发明问题共分为两类：标准问题和非标准问题。可以通过物场分析法描述的问题一般称为标准问题，可以采用 76 个标准解进行求解。标准解法是阿奇舒勒在 1985 年创立的，是针对标准问题提出的解法，一共 5 大级，18 个子级，76 个标准解，如表 9-2 所示。

表 9-2 标准解法的基本构成

级	名称	子级数	标准解数
1	物场模型的构建与破坏	2	13
2	增强物场模型	4	23
3	向超系统或微观级系统跃迁	2	6

续表 9-2

级	名称	子级数	标准解数
4	检测和测量问题	5	17
5	标准解法的应用标准	5	17
合计	5	18	76

发明问题的标准解法详细构成如表 9-2~表 9-6 所示。为便于检索和应用，对 76 个标准解进行编号，编号方法为：S 代表“标准解”，后边第一位表示所属“级”，第二位表示所属“子级”，第三位表示解的“序号”。例如 S2. 4. 6 代表“标准解第 2 级第 4 子级的第 6 个解法”。

9. 2. 2　第 1 级：物场模型的构建与破坏

第 1 级的解聚焦于建立和破坏物场模型，包括创建需要的效应或消除不希望出现的效应的系列法则，每条法则的选择和应用取决于具体的约束条件，见表 9-3。

表 9-3　第 1 级标准解法

第 1 级	子级	标准解法
物场模型的构建与破坏	S1. 1 建立物场模型	S1. 1. 1 构建为完整的物场模型
		S1. 1. 2 内部合成物场模型
		S1. 1. 3 外部合成物场模型
		S1. 1. 4 利用外界资源
		S1. 1. 5 改变系统环境
		S1. 1. 6 最小模式
		S1. 1. 7 最大模式
		S1. 1. 8 选择性最大模式
	S1. 2 破坏物场模型	S1. 2. 1 通过引入 S_3 来消除有害作用
		S1. 2. 2 引入 S_1 或 S_2 的变形来消除有害作用
		S1. 2. 3 消除有害作用
		S1. 2. 4 用另一个场抵消有害作用
		S1. 2. 5 消除磁影响

9. 2. 2. 1　S1. 1：建立物场模型

（1）标准解 S1. 1. 1：构建为完整的物场模型。现有的元素无法构建为一个完整的物场模型，因此无法实现所需的性能，所以需要添加所缺的元素去构建一个完整的物场模型（缺什么补什么）。

例如：净化空气时，需要加入离心器，并使其快速转动（离心力场），构建为一个完整的物场模型，才能实现对空气的净化。

（2）标准解 S1. 1. 2：内部合成物场模型。现有的元素无法构建为一个完整的物场模型，因此无法实现所需的性能，但可以通过向其中一种物质中加入其他物质即添加物来帮助系统实现所需的性能。

例如：润滑脂有着良好的润滑效果，但是在边界处的润滑效果不佳，因此可以通过加入二硫化钼的方法来改善。

（3）标准解 S1. 1. 3：外部合成物场模型。现有的元素无法构建为一个完整的物场模型，因此无法实现所需的性能，可以通过 S_1或 S_2外部引入添加物来帮助系统完成功能。

例如：通过在雪橇上打蜡的方法来减小雪橇与雪之间的摩擦力。

例如：通过将相机固定在三脚架上的方法来防止相机抖动带来干扰，如图 9-9 所示。

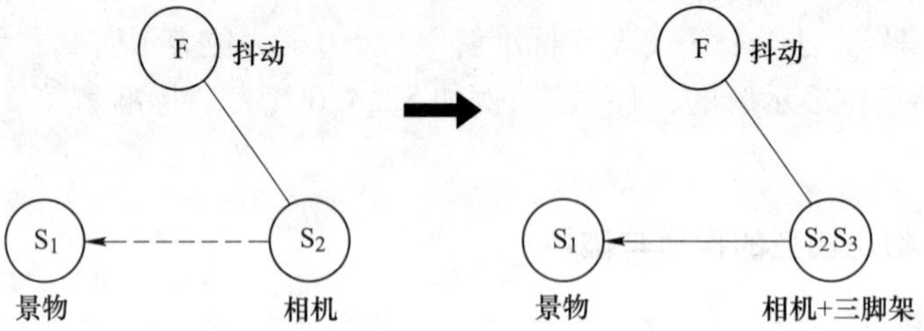

图 9-9 用三脚架防止相机抖动

（4）标准解 S1. 1. 4：利用外界资源。现有的元素无法构建为一个完整的物场模型，因此无法实现所需的性能，与此同时物质的内外部不能引入添加物，但可以利用外界资源，也就是环境中已有的资源。

例如：轴承采用油润滑时，可以采用皮革密封条密封，利用外部环境中的油使皮革膨胀，就能很好地起到密封作用，见图 9-10。

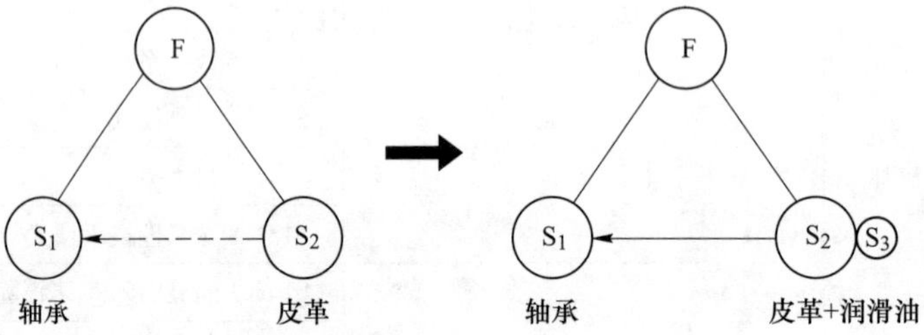

图 9-10 轴承密封的物场模型

（5）标准解 S1. 1. 5：改变系统环境。现有的元素无法构建为一个完整的物场模型，因此无法实现所需的性能，与此同时物质的内外部不能引入添加物，但可以通过将添加物放到环境中，通过改变系统环境来实现所需性能。

例如：对于患有感冒的人，往往会感到喉咙干燥，因此可以采取措施提高住处和工作处的空气湿度来缓解人的不适。

（6）标准解 S1. 1. 6：最小模式。有时候作用的是难以精确控制的最小模式，因此可以采用添加过多的需要物，然后去除多余部分的方法解决。

例如：在浇铸模具时，往往会有多余的部分出现（避免有的地方浇铸不到），再去除多余的部分就可以得到较完整的模具，如图 9-11 所示。

（7）标准解 S1. 1. 7：最大模式。如果所运用的场达不到所作用的最大化，可以先将最大化作用到某个中间介质，再传递到原物上。

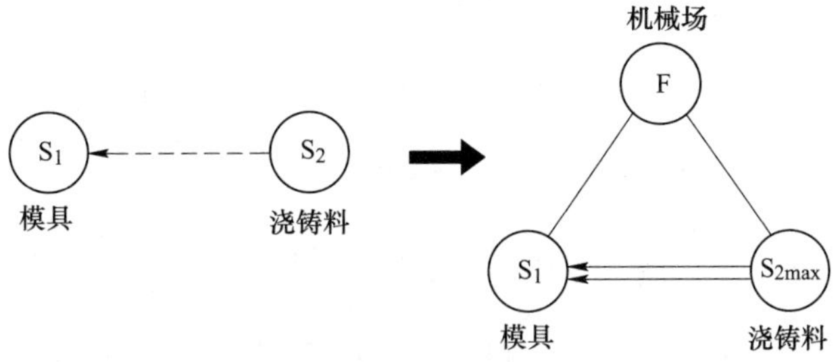

图 9-11　浇铸模具的物场模型

例如：蒸馒头。馒头不能直接接触高温的火焰，但可以将馒头放入笼屉中，利用受热后水生成的水蒸气将其蒸熟，如图 9-12 所示。

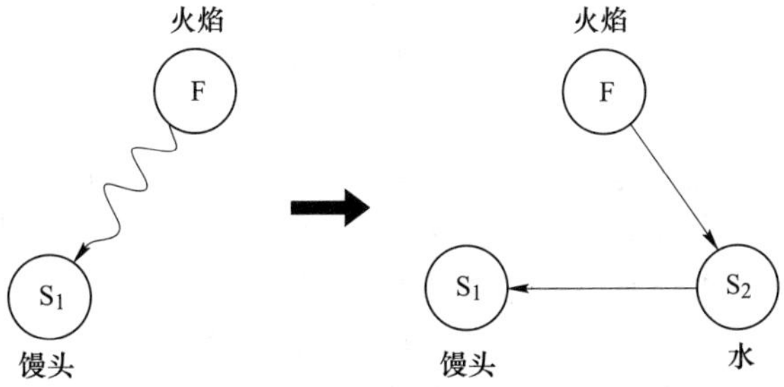

图 9-12　蒸馒头的物场模型

（8）标准解 S1.1.8：选择性最大模式。有时候需要高、低两种强度的场同时存在于系统中，当施加其中一种场的同时，在另一区域引入物质从而获得较小或较大的效果。

例如：为了保护玻璃药瓶内的药物在进行火焰封口时不会遭到破坏分解，通常将有药物部分的瓶身放在水中，如图 9-13 所示。

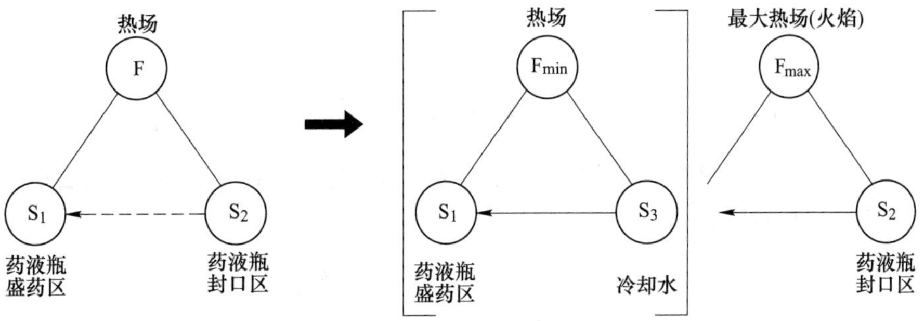

图 9-13　注射液玻璃瓶封口工艺的物场模型

9.2.2.2　S1.2：破坏物场模型

（1）标准解 S1.2.1：通过引入 S_3 来消除有害作用。有害、有用的作用同时存在于一个完整的物场模型中，而物质与物质不能直接接触，因此可以在两者之间加入另一种物质，从而消除有害作用。

例如：医用手套，医护人员为了防止细菌传播或直接接触患者和仪器，通常要戴上医院内专用的无菌手套来消除有害作用，见图 9-14。

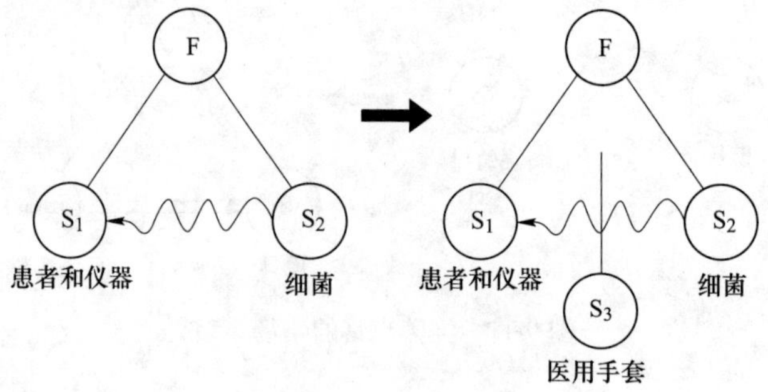

图 9-14 医用手套的物场模型

（2）标准解 S1. 2. 2：引入 S_1或 S_2的变形来消除有害作用。有害、有用的作用同时存在于一个完整的物场模型中，而物质与物质不能直接接触的同时不能引入其他物质，因此可以通过改变物质的某一参数来解决。

例如：轴类零件 S_1和孔类零件 S_2，在装配时，按设计要求有时需要过盈配合，若进行硬性装配不但有可能损坏零件而且也不能保证设计过盈量的实现，因此可以改变 S_1、S_2的某一参数，即在机械装配中通常冷却轴类零件（使轴尺寸变小）或加热孔类零件（使孔尺寸变大），使轴能放入孔内，而当温度恢复到正常值时正好符合过盈配合的要求。

（3）标准解 S1. 2. 3：消除有害作用。通过引入 S_2来吸收场 F 对物质 S_1产生的有害作用。

例如：可以在皮肤上涂抹防晒霜来消除紫外线所造成的有害作用，如图 9-15 所示。

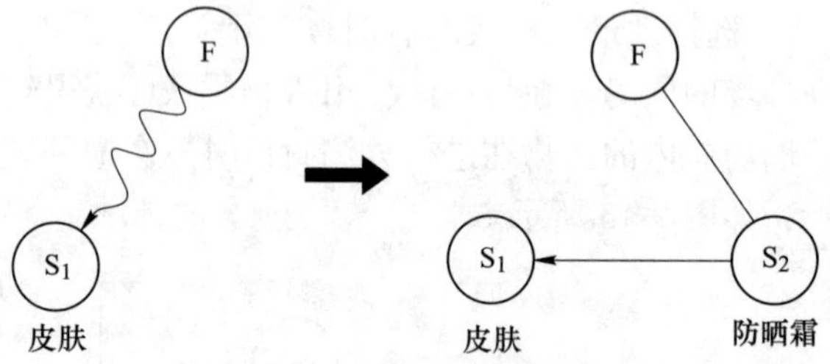

图 9-15 皮肤防晒的物场模型

例如：寒冷的冬季，地面开裂会对地下电缆产生有害作用，因此可以沿着电缆挖一些小沟，来保护电缆，见图 9-16。

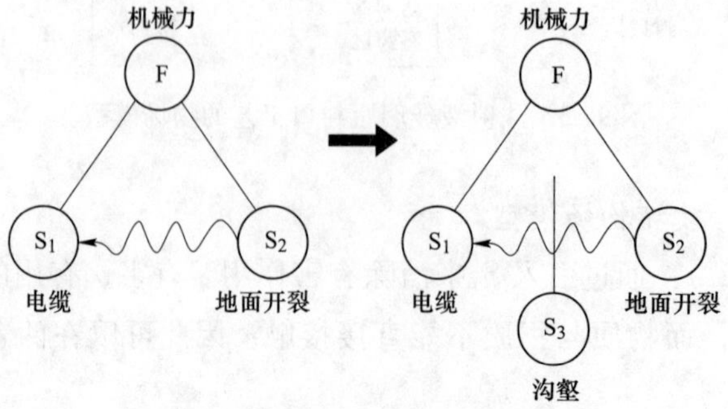

图 9-16 保护电缆的物场模型

（4）标准解 S1.2.4：用另一个场抵消有害作用。有害、有用的作用同时存在于完整的物场模型中，而物质与物质之间要求紧密接触，因此可以用新引入的场 F_2来抵消系统内存在或产生的有害作用。

例如：在对腿进行外科手术后，腿必须固定不动，然而腿在机械场 F_1（绷带 S_2作用于脚 S_1）的作用下不能动作，使得肌肉也不能动作。因此为了防止肌肉萎缩，可通过使用附加的脉动电场 F_2对肌肉进行物理治疗，从而达到刺激肌肉、防止其他病症出现的目的，如图 9-17 所示。

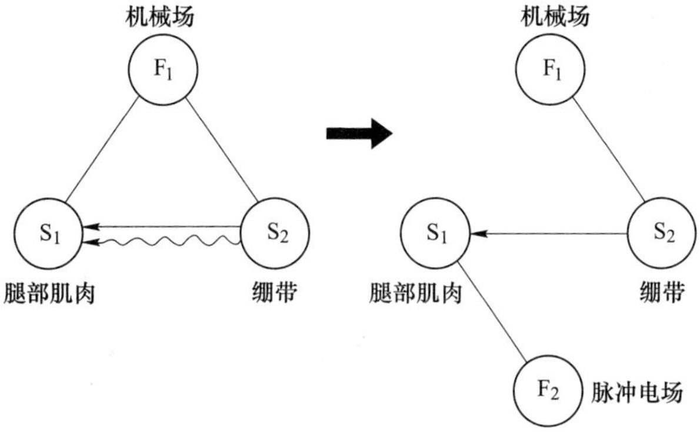

图 9-17 腿部术后理疗的物场模型

（5）标准解 S1.2.5：消除磁影响。系统中可能存在磁性元素，而造成有害作用。因此可以通过加热的方式或者引入相反的磁性元素来消除有害作用。

例如：由于焊接电流会产生磁场，而使铁磁粉末不能一直待在工作区域，从而给焊接铁磁粉末的人员带来了很大的困难。因此工人可以在焊接之前，人为地将铁磁粉末加热升温到居里点以上再进行焊接工序，见图 9-18。

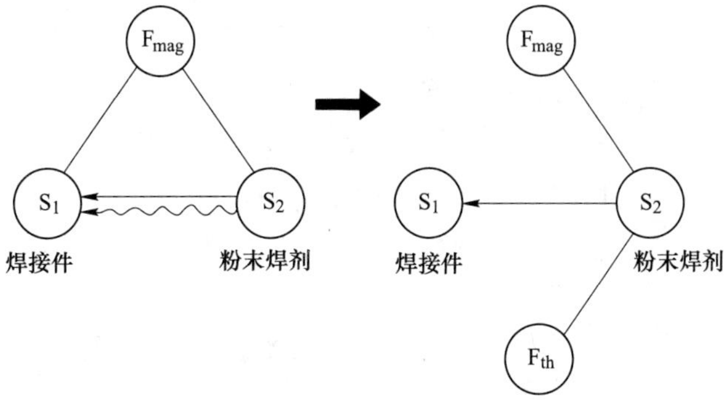

图 9-18 切断磁影响的物场模型

9.2.3 第 2 级：增强物场模型

第 2 级的解聚焦于增强物场模型，详见表 9-4。

表 9-4　第 2 级标准解法

第 2 级	子级	标准解法
增强物场模型	S2.1 转变为复杂物场模型	S2.1.1 链式物场模型
		S2.1.2 双物场模型
	S2.2 加强物场模型	S2.2.1 应用更可控的场
		S2.2.2 物质 S_2 的分裂
		S2.2.3 多孔结构
		S2.2.4 物场模型的动态性
		S2.2.5 场的结构化
		S2.2.6 物质的结构化
	S2.3 通过频率协调来增强	S2.3.1 协调场和物质的频率
		S2.3.2 使场 F1 和 F2 频率匹配
		S2.3.3 向具有合并作用的物场转化
	S2.4 铁磁场模型	S2.4.1 在系统中加入铁磁物质
		S2.4.2 铁磁场
		S2.4.3 运用磁流体
		S2.4.4 在铁磁场中运用多孔结构
		S2.4.5 合成复杂的铁磁场
		S2.4.6 将铁磁场模型引入环境中
		S2.4.7 运用自然现象和作用
		S2.4.8 铁磁场的动态性
		S2.4.9 运用有结构化的磁场
		S2.4.10 在铁磁场中进行频率协调
		S2.4.11 运用电磁场模型
		S2.4.12 使用电流控制流变体

9.2.3.1　S2.1：转变为复杂物场模型

（1）标准解 S2.1.1：链式物场模型。物场模型从单一到链式的变化：引入 S_3，让 S_2 产生的场 F_1 作用于 S_3，同时，S_3 产生的场 F_2 作用于 S_1。

例如：人工碎石，S_1→石头、S_2→锤子、F_1→机械场，引入 S_3→凿子、F_2→机械场，见图 9-19。

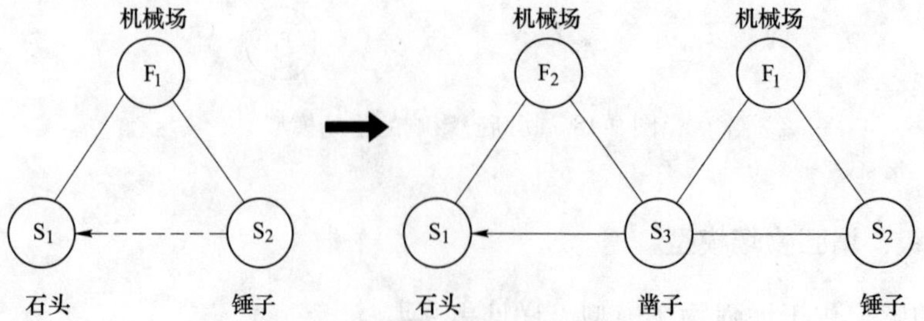

图 9-19　人工碎石的物场模型

（2）标准解 S2.1.2：双物场模型。当存在一个很难控制的物场模型时，而系统内已经存在的物质元素不能被取代或替换，可以使原物场模型转变成双物场模型，即引入一个容易控制的场来增强系统的可控性。

例如：超声波清洗眼镜。当清洗眼镜时，如果只用清水，很难有效地清除眼镜上的污渍，因此在清洗眼镜时，可以加入超声波来清洗水中的眼镜，进而有效地达到所需成效，如图 9-20 所示。

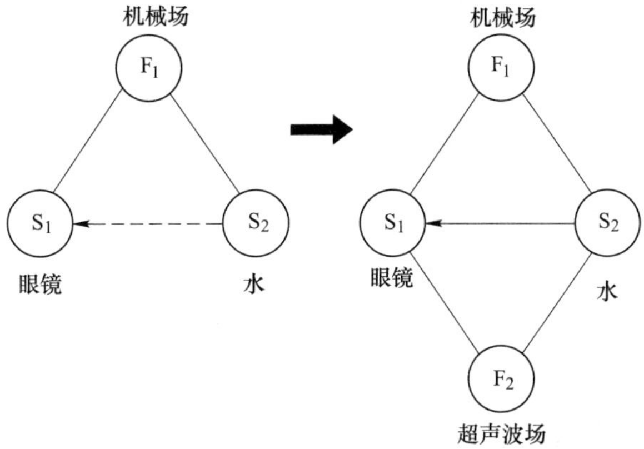

图 9-20 超声波清洗眼镜的物场模型

9.2.3.2 S2.2：加强物场模型

（1）标准解 S2.2.1：应用更可控的场。当存在一个很难控制的物场模型时，而对于引入的物质和场有限制，可以把物场内原先的场替换成一个比较容易控制的场来解决物场可控性不足的问题。

例如：在一些外科手术中，进行组织切割时，用施加热作用的激光手术刀比施加机械作用的钢手术刀要好得多，见图 9-21。

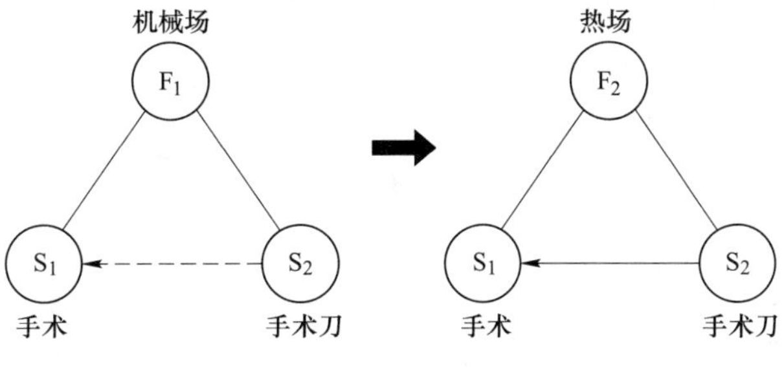

图 9-21 外科手术的物场模型

（2）标准解 S2.2.2：物质 S_2 的分裂。通过加大物质 S_2（工具）的分裂程度，可以加强物场模型。

例如：用一系列钢丝代替标准钢筋混凝土中常用的较粗钢筋，可以制造出“针式”混凝土。相比于粗钢筋来讲，一束钢丝不易折断，能够提供更强的韧性，大大增强结构能力，如图 9-22 所示。

（3）标准解 S2.2.3：多孔结构。把某些种特别的固体材料转化成多孔材料，转化过

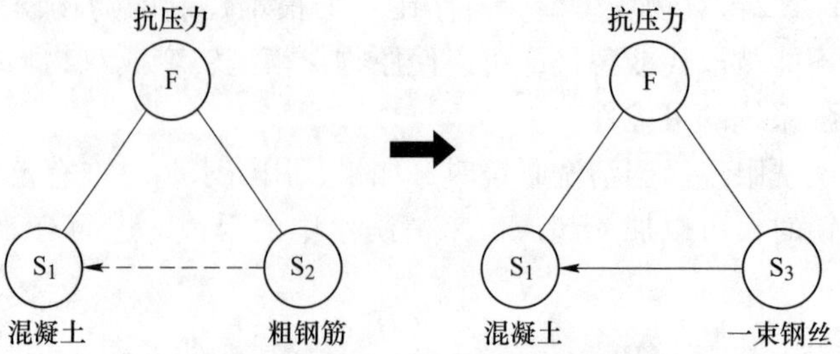

图 9-22 “针式”混凝土的物场模型

程如下：固体→一个孔固体→多孔固体→多孔材料→有着特殊结构和尺寸的多孔材料。随着多孔材料的逐渐形成，液体便于进入孔内。

例如：采用多孔的加油器给齿轮均匀的添油。

例如：为防止喷墨打印机在不工作的情况下墨水溢出，墨盒内采用海绵材料吸附墨水，见图 9-23。

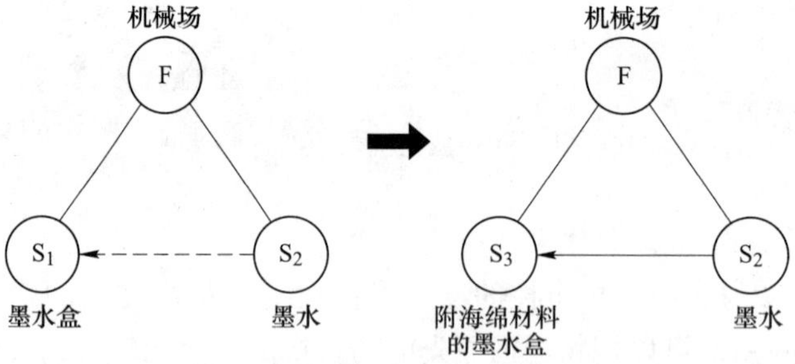

图 9-23 附海绵材料的墨水盒的物场模型

（4）标准解 S2. 2. 4：物场模型的动态性。系统动态化水平的提升，对优化系统结构起着良好的作用，即让系统结构更具柔性和更易变化，见图 9-24。

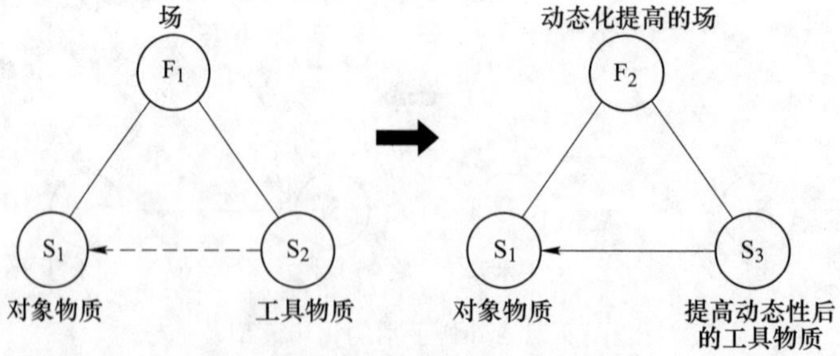

图 9-24 提高物质的动态性

例如：脉冲方式的磁场使用在灌灰浆工序中，有助于提高灰浆质量。

例如：无线鼠标的产生。

（5）标准解 S2. 2. 5：场的结构化。当目前的场很难甚至无法完成所需功效，可以根据所需来调节或定制所需的场，也就是用动态场代替静态场。

例如：液体中微小颗粒需要固定时，可以采用驻波的方法。

（6）标准解 S2.2.6：物质的结构化。物质的空间结构由均匀转变到不均匀，系统内原先不可控、无规则的物质由可控、空间结构易改变的物质来替代，见图 9-25。

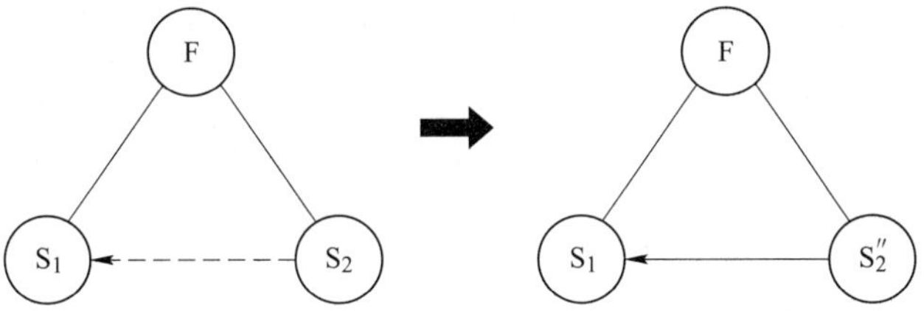

图 9-25 物质的结构化

例如：向混凝土中加入加强钢筋来提高质量。

例如：复合材料结构的刀具，其耐磨性和硬度更好。

9.2.3.3 S2.3：通过频率协调来增强

（1）标准解 S2.3.1：协调场和物质的频率。协调 F、S_1、S_2的频率。

例如：超声波与肾结石频率一致时，可以将肾结石震碎从而排出体外，见图 9-26。

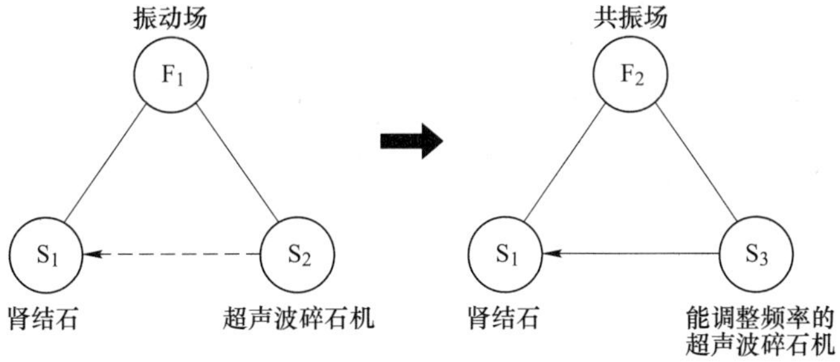

图 9-26 用超声波震碎肾结石的物场模型

（2）标准解 S2.3.2：使场 F_1和 F_2频率匹配。合成物场模型中所使用的场的节奏，可进行匹配（或故意不匹配）。

例如：为有效分离颗粒，坚硬磁矿石同时在连续磁场和振动作用下进行分离，连续磁场与振动频率是同步的，如图 9-27 所示。

（3）标准解 S2.3.3：向具有合并作用的物场转化。相互独立的两个动作，其中一个动作可以在另一个动作停顿的间隙完成。

例如：在家时，在水烧开之前，可以打扫一下卫生。

例如：当轧制金属板时，可以利用纵轧的间隙进行部分横轧。

9.2.3.4 S2.4：铁磁场模型

（1）标准解 S2.4.1：在系统中加入铁磁物质。同时利用铁磁物质和磁场来加强物场模型。

例如：磁悬浮列车技术，见图 9-28。

（2）标准解 S2.4.2：铁磁场。将 S2.2.1（使用更加可控的场）与 S2.4.1（使用铁磁材料）两种标准解法结合在一起，将添加物或简单的场加入到难以控制的场中，使系统性

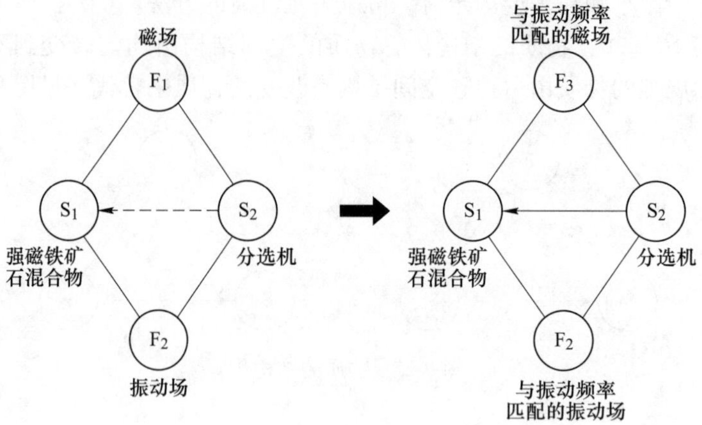

图 9-27 分选磁矿石的物场模型

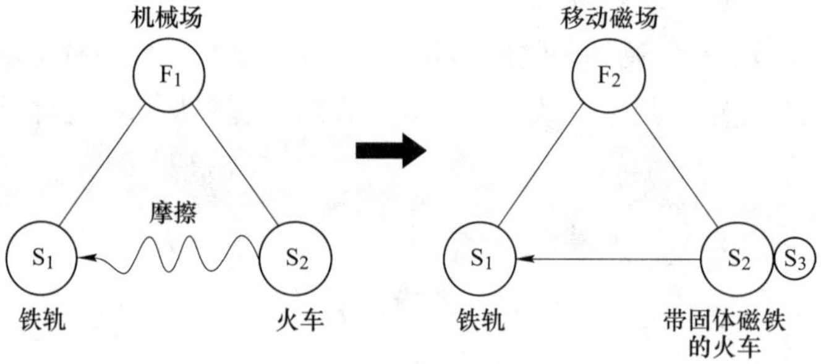

图 9-28 磁悬浮列车的物场模型

能得以改善。

例如：橡胶模型成型时的形状易于变化，难以控制，因此为了控制橡胶模型的形状，可以在橡胶模型里添入一些铁磁材料，然后应用磁场来移动铁磁材料，从而得到所需的橡胶模型形状。

（3）标准解 S2. 4. 3：运用磁流体。把水、煤油等物质中悬浮的胶状铁磁材料称为磁流体，可以用来强化铁磁模型。

例如：在多孔旋转轴承中，原本的润滑剂可以用磁流体代替。

（4）标准解 S2. 4. 4：在铁磁场中运用多孔结构。

例如：在过滤器的过滤管中填充铁磁颗粒，形成毛细多孔一体的材料，再运用磁场来控制过滤器内部的结构，如图 9-29 所示。

（5）标准解 S2. 4. 5：合成复杂的铁磁场。如果系统转变成铁磁场模型之后，系统的可控性可得到提高，但又不能用铁磁物质替换，那么可以通过一些方法永久或临时的使原本的非磁性物体拥有磁性。

例如：为了能让药物分子顺利到达身体所需的部位，可以在药物分子上加入铁磁微粒，再运用外部磁场作用使药物分子顺利到达身体所需的部位。

（6）标准解 S2. 4. 6：将铁磁场模型引入环境中。如果系统转变成铁磁场模型之后，系统的可控性可得到提高，但又不能用铁磁物质替换，那么可以把铁磁粒子引到外部环

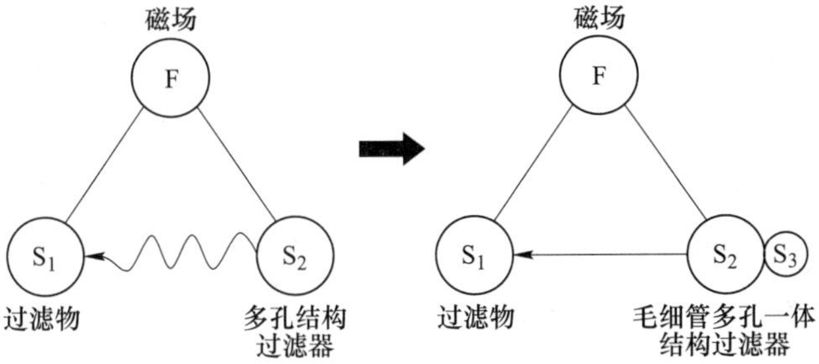

图 9-29 毛细管多孔一体可逆过滤器的物场模型

境中。

例如：将磁性颗粒物质放在橡胶垫里面，再将其放置在汽车顶上，这个垫子可以用来吸附住修车时所用的工具，这样就可以保证在修车的时候，修车人员能够很方便地随手拿到工具。因此就不用在汽车壳内添加磁性物质。

（7）标准解 S2.4.7：运用自然现象和作用。运用自然现象和作用来使铁磁模型的可控性得到加强。

例如：磁共振成像。运用可调谐的振动磁场，探测特定核子的共振频率，然后将那些核子的中心区域着色成像。由于肿瘤与正常组织的密度不同，在磁共振成像时，通过探测到这部分组织结构的变化，就能得出肿瘤的具体位置。

（8）标准解 S2.4.8：铁磁场的动态性。磁场的动态性、可调节性和可变性。

例如：通过外界的感应器来控制一个不规则空心物体内部加入的表面有磁性微粒的弹性球，使弹性球与不规则空心物体的内壁紧贴，从而实现精确测量不规则空心物体壁厚的目的，见图 9-30。

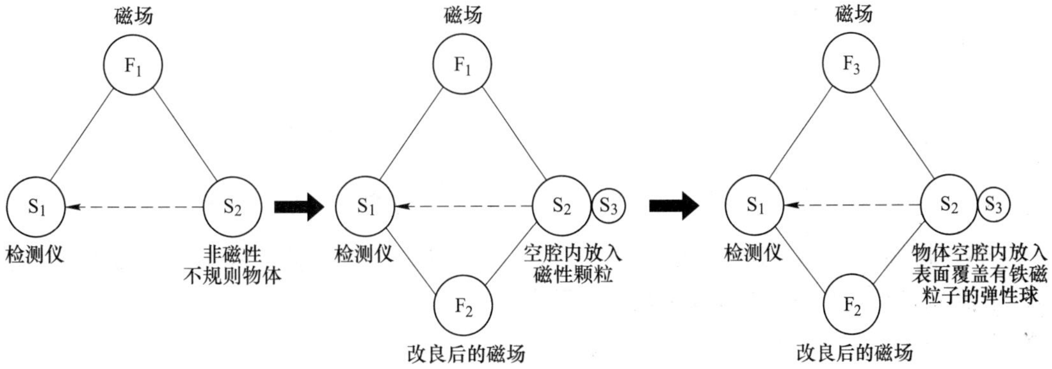

图 9-30 测量不规则空心物体壁厚的物场模型

（9）标准解 S2.4.9：运用有结构化的磁场。运用有结构化的磁场，可以达到更好的控制铁磁场的目的。

例如：为了能够效率高且可控的达到在塑料表面形成突起的目的，可以将铁磁颗粒与塑料表层熔合，再通过电磁场的作用来吸收表层内部的铁磁颗粒，从而获得延伸的突起，如图 9-31 所示。

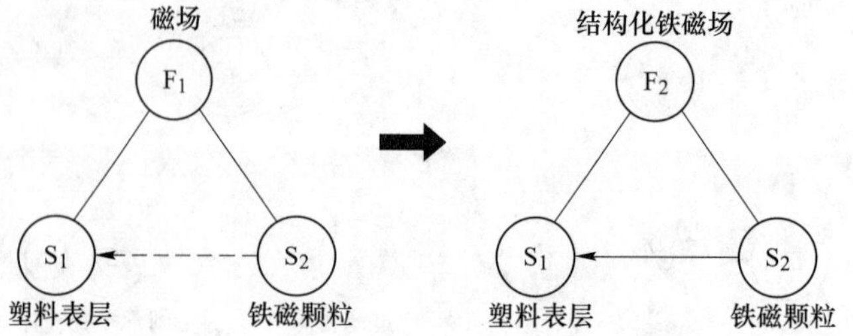

图 9-31 在塑料表层形成突起的物场模型

例如：将传导材料掺杂在聚合物中之后，聚合物的传导率可以得到提高。如果传导材料带有磁性，就可以用磁场的作用来排列传导材料的内部结构，这样不但少用材料，而且传导率会更高。

（10）标准解 S2. 4. 10：在铁磁场中进行频率协调。就宏观系统而言，铁磁颗粒的快速运动可以通过机械振动来实现；而在分子、原子级别，磁场发生响应的电子的共振频率的频谱可以用来被测，进而得知物质的组成部分。

例如：由于微波炉可以使水分子产生振动，从而可以达到加热水的效果，进而达到加热食物的目的，见图 9-32。

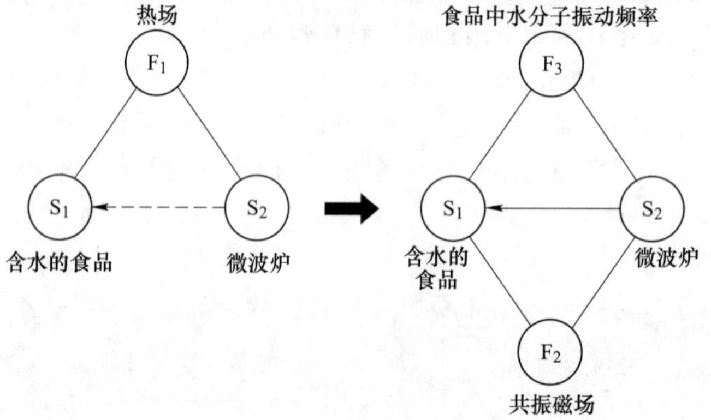

图 9-32 微波炉工作原理的物场模型

（11）标准解 S2. 4. 11：运用电磁场模型。如果引入铁磁粒子或磁化一个物体是困难的，可通过引入电流产生电磁场，见图 9-33。

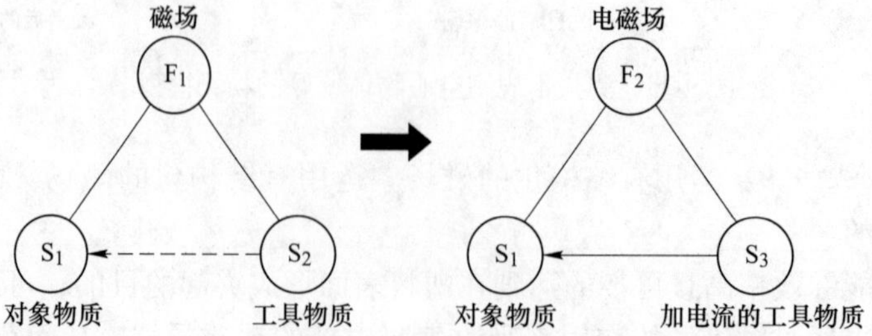

图 9-33 引入电流建立电磁场的物场模型

例如：电磁铁吊车，运用电流产生的磁场来吸取有铁磁性的物质。

例如：各类电磁石。

（12）标准解 S2.4.12：使用电流控制流变体。使用电流控制流变体的黏度，进而可以模仿液/固相变，见图 9-34。

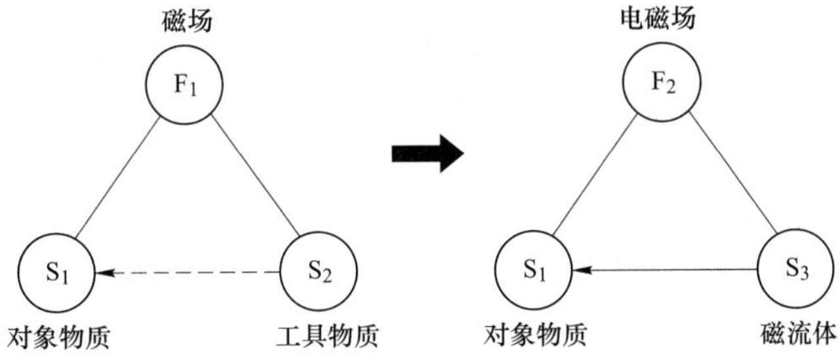

图 9-34　利用电流控制流体

例如：汽车的悬挂系统可以用电场来控制黏度。对于动力减震器，用电场控制是否允许流变体的流动来实现其减震效果。

9.2.4　第 3 级：向超系统或微级系统跃迁

第 3 级的解聚焦于向超系统或微级系统跃迁，详见表 9-5。

表 9-5　第 3 级标准解法

第 3 级	子级	标准解法
向超系统或微观级系统跃迁	S3.1 向双系统或多系统的转变	S3.1.1 系统转化 1a：创建双系统、多系统
		S3.1.2 加强双系统和多系统之间的连接
		S3.1.3 系统转化 1b：增加系统间的差异
		S3.1.4 双系统和多系统的简化
		S3.1.5 系统转化 1c：系统部分或系统整体存在相反的特征
	S3.2 将系统向微观级转换	S3.2.1 系统转化 2：转换到微观级别

9.2.4.1　S3.1：向双系统或多系统的转变

（1）标准解 S3.1.1：系统转化 1a：创建双系统、多系统。系统之间可能通过系统转化 1a 相互组合，进而形成一个更加复杂的双系统、多系统，从而加强系统性能。

例如：当对玻璃进行钻孔工序时，由于玻璃单个太薄而易碎，加工困难，因此可以用油作为黏贴物，将多块玻璃叠加到一起形成可看成一块的厚玻璃，再进行加工就比较容易，如图 9-35 所示。

（2）标准解 S3.1.2：加强双系统和多系统之间的连接。改变双、多系统内部不同元素之间的连接，有利于强化系统性能。

例如：十字路口往往汽车流量大，因此可以根据汽车流量调整红绿灯的变化频率。

（3）标准解 S3.1.3：系统转化 1b：增加系统间的差异。通过加大系统内元素间的差

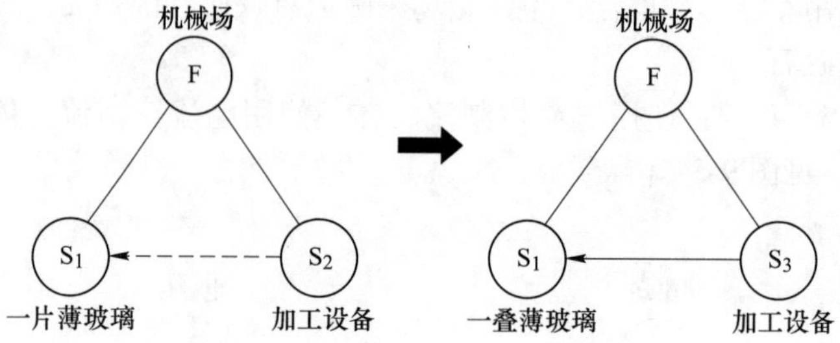

图 9-35 薄片玻璃的加工物场模型

异，可以加强系统的性能。如从原来相同的元素到改变特性后的元素或者到完全不同的元素，直至到具有反向特性的元素组合。

例如：复印机能复印不同媒介和规格的文字、图像，而且还能把媒介复印成不同规格和尺寸的文档。

（4）标准解 S3. 1. 4：双系统和多系统的简化。可以通过简化系统的方法来使双、多系统的性能得到加强，但是需要牺牲辅助的零件才能获得想要的效果。

例如：现代高集成的数码相机，自动对焦、变焦、闪光灯、自动曝光等形成新的单一系统，而且每个功能都相对独立。

（5）标准解 S3. 1. 5：系统转化 1c：系统部分或系统整体存在相反的特征。双、多系统的性能可通过分解系统部分或系统整体间存在的相反特征来加强。

例如：就日常常用的自行车来说，链条是自行车的重要组成部件。链条自身看起来是刚性的，但是从自行车整体来看是柔性的。

9. 2. 4. 2 S3. 2：将系统向微观级转换

标准解 S3. 2. 1：系统转化 2：转换到微观级别。系统的性能可以在系统演化的任一阶段通过系统转化 2 来得到加强，即从宏观级到微观级。

例如：可控泵是由多重的、反向绕线的鼓形转子和定子而组成的。为了在温度不断变化的环境中达到准确控制的目的，定子和转子是采用不同热膨胀系数的材料制成的。

9. 2. 5 第 4 级：检测和测量的标准解法

第 4 级的解聚焦于检测和测量的标准解法，详见表 9-6。

表 9-6 第 4 级标准解法

第 4 级	子级	标准解法
检测和测量的标准解法	S4. 1 间接测量方法	S4. 1. 1 用系统的变化替代测量或探测
		S4. 1. 2 应用系统的复制品
		S4. 1. 3 将连续测量分成用两次连续测量
	S4. 2 创建测量的物场模型	S4. 2. 1 测量物场模型的构建
		S4. 2. 2 测量添加物
		S4. 2. 3 测量环境中的添加物
		S4. 2. 4 在环境中获取添加物

续表 9-6

第4级	子级	标准解法
检测和测量的标准解法	S4.3 强化测量物场模型	S4.3.1 运用物理现象
		S4.3.2 使用系统的共振
		S4.3.3 使用附带物体的共振
	S4.4 测量铁磁场	S4.4.1 预设铁磁场
		S4.4.2 可测量的铁磁场
		S4.4.3 复杂化的铁磁场
		S4.4.4 向环境中引入磁性物质的可测铁磁场
		S4.4.5 运用物理原理
	S4.5 测量系统的演化趋势	S4.5.1 转换到双、多系统
		S4.5.2 演化方向

9.2.5.1 S4.1：间接测量方法

（1）标准解 S4.1.1：用系统的变化替代测量或探测。在改变需要测量的系统之后，原来的系统不再需要测量。

例如：用一个双金属片的热电偶可以制成一个加热系统的自动调节装置。

（2）标准解 S4.1.2：应用系统的复制品。不用直接测量系统对象，而是对系统的复制品、图片或图像等进行测量。

例如：可以测量一个物体的影子来计算出这个物体的高度。

（3）标准解 S4.1.3：将连续测量分成用两次连续测量。就是将一次性的连续测量分成两次连续的、变化的测量。

例如：为了检测一个柔韧性较好的物体和相互作用对象之间是否匹配完好，应对它的直径进行实时测量，然而实时测量很难进行，因此可以通过测量它的最大和最小直径来确定变化程度。

9.2.5.2 S4.2：创建测量的物场模型

（1）标准解 S4.2.1：测量物场模型的构建。由于物场模型不完整，导致物场模型不能够被测量或者检测，需构建一个包含一个场作为输出的单或者双物场模型。

例如：如果自行车车胎上有个小孔很难发现，可以给自行车车胎打满气，再将自行车车胎放入水中，根据气泡来确定小孔的位置。

（2）标准解 S4.2.2：测量添加物。系统的测量可以通过测量添加物与原系统之间相互作用产生的变化，进而再进行转换。

例如：如果用显微镜直接对没有经过处理且颜色浅的生物样品进行观察是比较困难的，但是可以先在样品中加入某种合适的且对生物样品没有损坏的化学染色剂，然后再进行观察，见图 9-36。

（3）标准解 S4.2.3：测量环境中的添加物。当系统内不能加入其他物质时，还可以将添加物引到外界环境中，并测量其变化。

例如：GPS 的应用。在一个陌生的环境中，自己无法精准确认自己的所在位置，但是可以通过 GPS 来确认自己所在的位置。

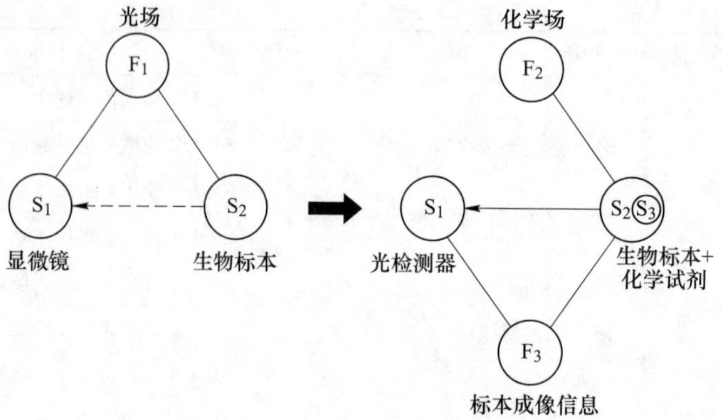

图 9-36 生物标本在显微镜下的测量物场模型

（4）标准解 S4. 2. 4：在环境中获取添加物。当外界环境中也不允许加入其他物质时，还可以利用环境中已有的物质，将已有的物质降解或转换形态，从而得到所需的添加物，进而再测量添加物的变化。

例如：通常需要测量管道中的流速，然而引入其他物质来测量是很难进行的，因此可以使用气穴现象来产生所需要的“标记”，此类标记通常是稳定且可视的一小群气泡。

9. 2. 5. 3 S4. 3：强化测量物场模型

（1）标准解 S4. 3. 1：运用物理现象。检测由于系统中已发生的且可知的效应而产生的变化，从而得知系统的状态。

例如：通过对导电液体电导率的测量结果进行解析，从而得出测量液体的温度。

（2）标准解 S4. 3. 2：使用系统的共振。如果系统的变化不能通过直接测量的方法得出，可以运用某种手段使系统整体或部分产生共振，从而通过测量共振频率来测量系统的变化。

例如：让音叉和钢琴琴弦的频率产生共振来对钢琴进行调律。

（3）标准解 S4. 3. 3：使用附带物体的共振。当系统的变化不能通过测量系统共振频率而得出结果时，还可以通过与系统相连附带物体的共振来得到系统变化的信息。

例如：间接的测量电容，可以在感应系数已知的电路中插入未知电容的物体，然后不断改变电压的频率，以确定组合电路的共振频率，最后计算出电容，如图 9-37 所示。

9. 2. 5. 4 S4. 4：测量铁磁场

（1）标准解 S4. 4. 1：预设铁磁场。可以增加铁磁物质或者利用系统中已有的磁场，以便于测量。

例如：可以利用埋在路面下的磁性物质来定位汽车，从而估算出汽车在交通信号灯前的排队等待时间，见图 9-38。

（2）标准解 S4. 4. 2：可测量的铁磁场。在系统内增加铁磁颗粒，通过检测磁场实现更容易的测量。

例如：通过对内部含有铁磁物质的塑料进行导磁率测量，从而来判断塑料的质量。

（3）标准解 S4. 4. 3：复杂化的铁磁场。如果系统中不能加入铁磁颗粒，并且也不能用铁磁颗粒代替系统中物质，那么可以把铁磁添加到物质中，从而构建一个复杂的系统。

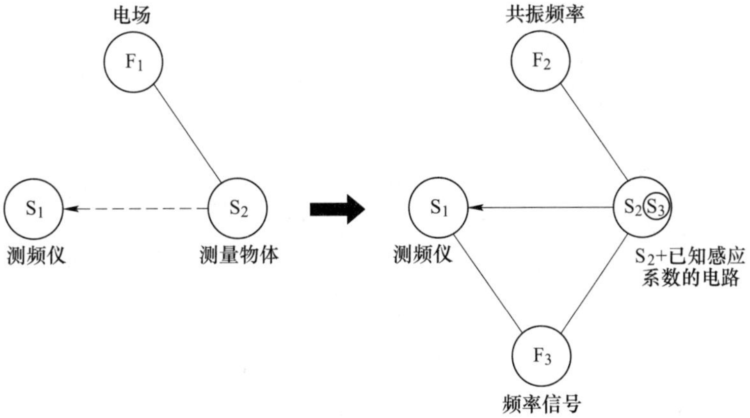

图 9-37　间接测量电容的物场模型

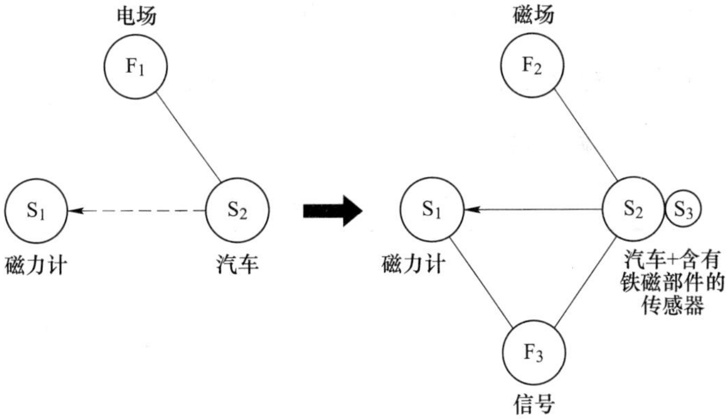

图 9-38　统计在交通信号灯前等待车辆时间的物场模型

例如：可以在无磁性的物体表面涂上有磁性材料且表面活化剂细小颗粒的流体来检测物体的表面裂纹。

（4）标准解 S4.4.4：向环境中引入磁性物质的可测铁磁场。如果系统中不能加入磁性物质，那么可以向环境中加入磁性物质。

例如：当船的模型在水面上移动时，水面会出现波浪，基于此可以在水中加入铁磁颗粒来辅助测量波浪的形成原因，如图 9-39 所示。

（5）标准解 S4.4.5：运用物理原理。测量与磁性相关的物理现象，如霍尔效应、超导消失、居里点、磁滞现象等。

例如：核磁共振成像。

9.2.5.5　S4.5：测量系统的演化趋势

（1）标准解 S4.5.1：转换到双、多系统。如果一个系统无法得到精确的测量数据或者系统的测量效率低，那么可以使用双或者多系统去测量。

例如：当验光师在为每个人测量视力时，通常会使用一系列的设备，其目的是精确的测量出每个人的眼睛对物体的聚焦能力。

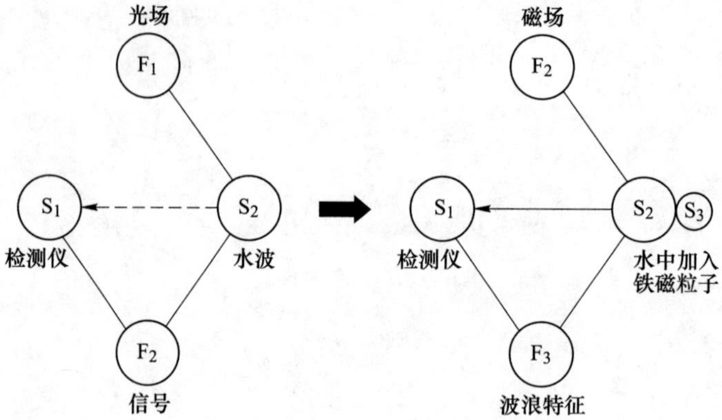

图 9-39 研究船模型在水中行驶时波浪形成原因的物场模型

（2）标准解 S4. 5. 2：演化方向。对事物的衍生物在时间或空间上进行测量。例如：利用雷达反射和雷达频率的改变，可以测量出飞行器的位置和速度。

9. 2. 6 第 5 级：标准解法的应用标准

第 5 级的解聚焦于标准解法的应用标准，详见表 9-7。

表 9-7 第 5 级标准解法

第 5 级	子级	标准解法
标准解法的应用标准	S5. 1 引入物质	S5. 1. 1 间接方法
		S5. 1. 2 分割物质
		S5. 1. 3 添加物质的自行消除
		S5. 1. 4 无法引入大量物质时加入虚空的物质
	S5. 2 引入物	S5. 2. 1 可用场的综合使用
		S5. 2. 2 应用存在环境中的场
		S5. 2. 3 利用现有的物质可能创造的场
	S5. 3 相变	S5. 3. 1 相变 1：相态的变换
		S5. 3. 2 相变 2：动态化相态
		S5. 3. 3 相变 3：应用伴随的现象
		S5. 3. 4 相变 4：转换成双相态
		S5. 3. 5 相态之间的作用
	S5. 4 运用自然现象	S5. 4. 1 状态的自行转换
		S5. 4. 2 放大出口场
	S5. 5 产生物质的高级和低级方法	S5. 5. 1 通过降解来获得所需的物质粒子
		S5. 5. 2 通过结合来获得所需的物质粒子
		S5. 5. 3 应用以上两种标准解法

9. 2. 6. 1 S5. 1：引入物质

（1）标准解 S5. 1. 1：间接方法。若由于工作状况比较特殊，而不能将其他物质添加到系统中，则可以采用如下三种间接方法：

一是使用“不存在的东西”代替实物。例如：对于需要长时间在水下工作的人员来说，保暖很重要，但是增加衣服的厚度会使重量增加，因此可以在衣服中加入泡沫，不仅可以保暖，还很轻，见图 9-40。

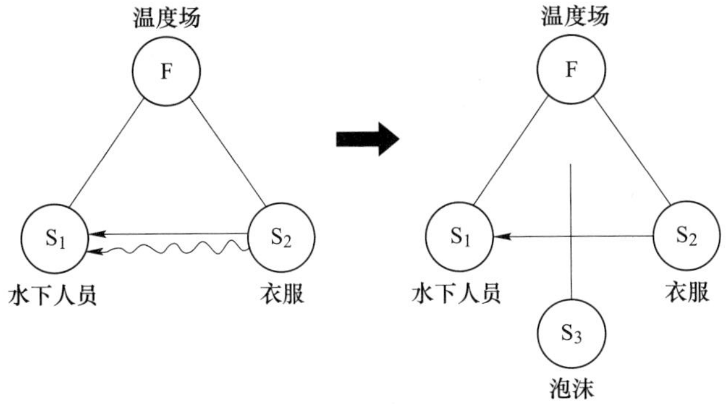

图 9-40 水下工作人员保暖的物场模型

二是物质用一个场来替代。例如：可以用磁场检测出墙内铁钉的位置。

三是应用添加物。

1）内部添加物用外部添加物来替代。例如：如果要对折断了的物体进行修补，而又不能改变其内部的结构，那么可以用金属薄片包裹折断处，从而达到修补的目的。

2）应用少量高活性的添加物。例如：用普通的焊接方式来焊接铝时，通常需要超高的温度和一些具有腐蚀性的化学添加剂，因此可以使用一些铝热剂进行爆炸焊接。

3）在一个特定的位置集中应用添加物。例如：当清洗衣服上的污渍时，只需将洗涤剂涂抹在衣服的污渍部分就可以了，无需将整件衣服都涂抹上洗涤剂。

4）临时引入添加剂。例如：癌症化疗时，引入一些有着极强毒性的药物，这些药物对癌变细胞的毒性要比对正常细胞的毒性强，在短暂时间后，再将这些药物引至病人体外。

5）如果原来的物体中不允许加入添加物，则可以在物体的复制品或模型中引入添加物。例如：为了提高立体研究的精确性，通过使用放在透明物体模型内部的一个液体水面，从而得到一个三维的平面复制品。模型的空间位置可以随意改变。

6）如果不能直接添加某种物质，可以引入化学混合物，使其发生反应而得到所需物质。例如：人体的新陈代谢离不开钠元素的帮助，然而由于纯钠不能直接食用，因此可以食用盐来补充钠。

7）所要的添加物可以通过降解环境中的某些资源或物质自身而产生。例如：有些垃圾可以埋在地下作为肥料，不仅可以为植被提供养料，还可以保护环境。

（2）标准解 S5. 1. 2：分割物质。将一个大物质分割成多个小物质，可能会使系统得到好的效果。

例如：将飞机上的大发动机分成两个小发动机。

（3）标准解 S5. 1. 3：添加物质的自行消除。添加物质在使用完毕后可以自行消除，从而不会对系统产生有害作用。

例如：使用冰打磨表面粗糙的工件，如图 9-41 所示。

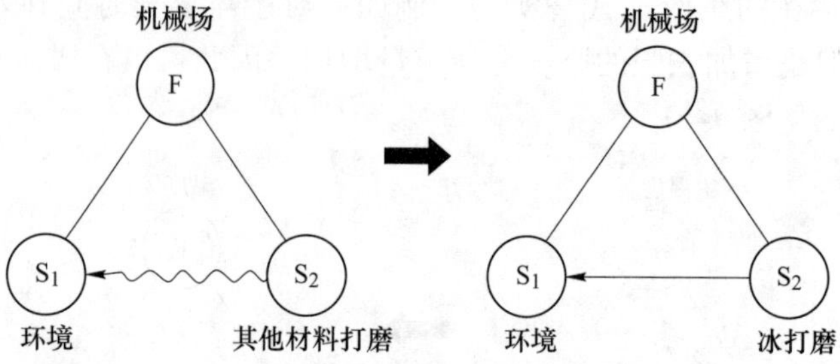

图 9-41 冰打磨工件的物场模型

（4）标准解 S5. 1. 4：无法引入大量物质时加入虚空的物质。

例如：往往一些大型的物体自身重量很大，但是不能改变其外部形状，因此可以使内部中空或增加空穴来解决其自身重量大的问题。

9. 2. 6. 2 S5. 2：引入物

（1）标准解 S5. 2. 1：可用场的综合使用。如果需要给现有的物场模型引入场，应该优先考虑使用物质所含有的载体中已经存在的场来帮助物场模型更好地实现其性能。

例如：电场产生磁场。

（2）标准解 S5. 2. 2：应用存在环境中的场。如果需要给物场模型引入场，但又不能用物质所含有的载体中已经存在的场，那么可以应用环境中本来就有的场。

例如：通常在工作场所，电子产品的使用会在其周围生成很多热，而产生的这些热会促进周围空气的流动，进而可以冷却电子产品本身。

（3）标准解 S5. 2. 3：利用现有的物质可能创造的场。

例如：医生植入病人肿瘤处用来杀死癌细胞的放射性物质，不久后再进行清除。

9. 2. 6. 3 S5. 3：相变

（1）标准解 S5. 3. 1：相变 1：相态的变换。利用物质本身相态的变换来实现系统的性能。

例如：在某种情况下可以用 α-黄铜代替 β-黄铜。

（2）标准解 S5. 3. 2：相变 2：动态化相态。物质的相态可能随着环境的变化而变换成另一种相态。

例如：在滑冰过程中，通过将刀片下的冰转化成水来减小摩擦力，随后，水又结成冰。

（3）标准解 S5. 3. 3：相变 3：应用伴随的现象。利用物质相变时伴随的现象。

例如：可以在运输冰冻重物的装置中使用冰制作支撑件，冰会不断地融化进而起到润滑的效果，从而有效地减少摩擦阻力带来的困难。

（4）标准解 S5. 3. 4：相变 4：转换成双相态。

例如：在切割部分周围使用泡沫，可以有效地消除噪声，因为刀具能够穿透泡沫持续进行切割，而噪声不能从泡沫中穿透出来。

（5）标准解 S5. 3. 5：相态之间的作用。

利用系统的相态交互作用，使系统的工作效率得到提高。

例如：经过两次蒸馏之后的白兰地放在木桶中进行保存，在此时木材和液体之间相互作用。

9.2.6.4　S5.4：运用自然现象

（1）标准解 S5.4.1：状态的自行转换。为了实现系统的不同性能要求，物质的状态需要能够自行转换。

例如：变色太阳镜在阳光下和阴暗处颜色的变化。

（2）标准解 S5.4.2：放大出口场。当出口场很弱时，需要增强出口场，可以利用物理效应放大出口场。

例如：真空管能够实现以很小的电流控制很大电流的功能。

9.2.6.5　S5.5：产生物质的高级和低级方法

（1）标准解 S5.5.1：通过降解来获得所需的物质粒子。如果所需的物质粒子不能直接获得，那么可以通过在一定条件下降解高级结构的物质来获得所需的物质粒子。

例如：电解水可以得到所需的氢气。

（2）标准解 S5.5.2：通过结合来获得所需的物质粒子。如果所需的物质粒子不能直接获得，那么可以将几种低级结构的物质在一定条件下进行组合来获得所需的物质粒子。

例如：树木用吸收到的水分和二氧化碳在太阳光下进行光合作用，从而获得所需的营养物质来不断生长。

（3）标准解 S5.5.3：应用以上两种标准解法。如果在系统中的物质结构是高级的，然而由于系统性能的需求，需要对其进行分解但又不能分解时，可以用次高级结构的物质。另外，可以用较高级结构的物质而不是用由低级结构组织起来的物质。

例如：当需要传导电流时，可以把物质变成离子和电荷，而两者之后还可以继续组合在一起。

9.3　本章小结

本章介绍的是 TRIZ 理论中的物场分析法，主要介绍了物场模型的建立、76 种标准解法。介绍了应如何建立物场模型以及物场模型中的问题；介绍了在 76 个标准解中包含的不同的问题状况：有害完整作用、不完整作用、非有效完整作用等。不同的问题状况使用 76 种标准解中不同的解。76 种标准解就像一本手册，当遇到问题时，首先明确问题发生的部位，然后将这部分建立成物场模型，接下来从手册中查询适用于这种模型的解，得到解的模型。与发明原理相比，这种模型要更接近于解决方案，可以给出很多具体的建议。

思　考　题

9-1　TRIZ 理论的标准解法分为几类？共多少个？

9-2　简述各级标准解法之间的关系。

9-3　两个物质间的场，有用与有害作用并存时，请选用一个标准解法来消除有害作用，并举例说明。

9-4　旧管道出现多处漏水和渗水现象，需要维修或更换。考虑到更换成本较高，仅对其渗水部位进行维修，问题是管道多处漏水和渗水，无法确定其具体位置，维修时可从管道维修孔进入管道内部，其余部分均埋在地下，无法打开，请尝试解决此问题。

9-5 粉尘收集过滤装置是一种用于过滤含粉尘干燥气体的工业用环保设备。设备中采用了大排量、低噪声风机等。工作时，风机旋转使机箱内产生负压，含有粉尘的空气从进气口被吸入箱内。现在的问题是滤袋的粉尘结聚到一定厚度后，过滤能力会有所降低，那么如何能提高该装置的过滤能力？

9-6 对建筑材料进行检验，通常采用外加机械力的方式，将建筑材料制成的试件破坏，测试其破坏时的强度。建筑材料的破坏一般与其存在的微裂缝有关，通常检测裂缝时只能观察到其外部裂缝，试件内部裂缝则无法检测。能否找到一种检测方法，既可以检测其内部裂缝，又可以检测其强度呢？请尝试解决此问题。

10 技术系统进化规律

所谓技术系统的进化，就是不断地用新技术替代老技术，用新产品替代旧产品，实现技术系统的功能从低级到高级变化的过程。技术系统进化是 TRIZ 理论的核心内容之一。

技术系统处于不断地发展与进化过程中，而解决技术系统中存在的矛盾是系统进化的推动力。阿奇舒勒通过分析大量发明，发现技术系统的进化和生物系统的进化一样，都满足 S-曲线，它可以被认为是一条产品技术成熟度预测曲线。确定产品在 S-曲线上的位置，能够为技术的研发决策提供依据。

10.1 S-曲 线

S 曲线法则又称生命曲线法则。自然界中任何事物都有一个从产生到成长到成熟再到衰亡的过程。TRIZ 中技术系统进化的 S 曲线如图 10-1 所示，其中横轴为时间，纵轴为技术系统的主要性能参数；它指出技术系统的主要参数（功率、生产率、速度、所派出的型号的数目等）是怎样在时间上变化的。

为了方便说明问题，常常将图 10-1 所示的 S 曲线简化为图 10-2 所示的形式，称为分段 S 曲线。进一步将技术系统的发展过程细化为婴儿期、成长期、成熟期和衰退期四个阶段。在每个阶段，S 曲线都呈现出不同的特点。不仅如此，在四个不同的阶段中，专利的发明级别、发明数量和经济收益方面也都有不同的表现，如图 10-3 所示。

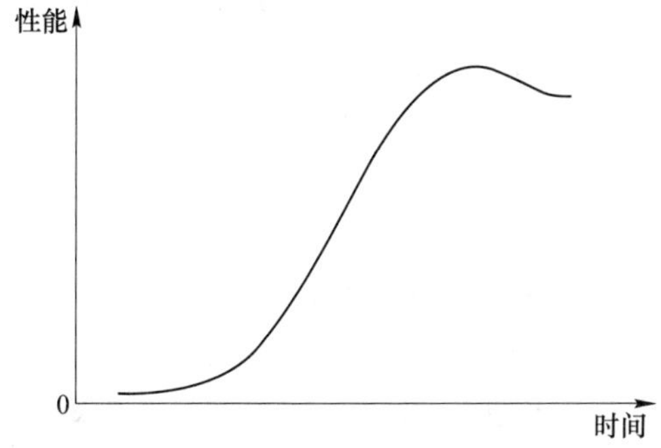

图 10-1 技术系统进化的 S 曲线

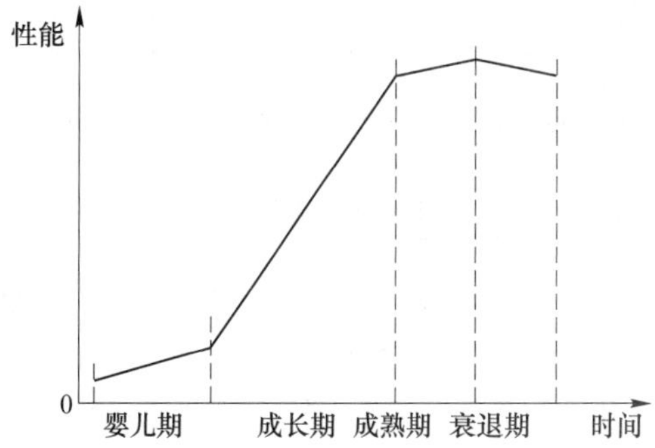

图 10-2 技术系统进化的分段 S 曲线

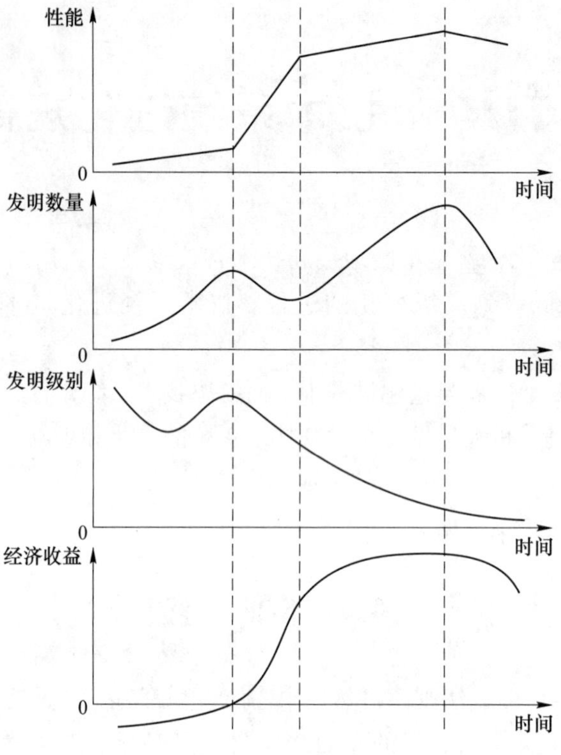

图 10-3　分段 S 曲线与发明数量、发明级别和经济收益的对应关系

10.2　S-曲线分段

10.2.1　第一阶段——婴儿期

“婴儿期”是指产品产生的最初阶段。这个阶段，实现系统功能的原理已经出现，技术系统随之产生，系统内部的各组成部件得以改进，但由于新系统的性能往往不如旧系统稳定，在其前进道路上还有很多技术问题需要解决。同时，由于大多数人对新系统的未来发展并没有信心，因此新系统的发展缺乏足够的人力和物力的投入。在这一阶段，系统呈现出的特性是：系统发展得非常缓慢，所产生的发明专利水平很高，但专利数量少，为了解决新系统中存在的主要技术问题，需要消耗大量资源，经济收益为负值。

10.2.2　第二阶段——成长期

当社会认识到其价值和市场潜力的时候，新系统就进入了第二阶段——成长期。进入第二阶段，技术系统中原来存在的各种问题得到解决，其市场前景开始显现。大量的人力、物力、财力被投入系统的开发过程中，系统的效率和性能都有很大提高，结果又吸引更多的资金投入，形成一个良性循环，系统高速发展。

系统在相对降低支出的同时，其主要指标快速增长，通常表现为产量的增长。此阶段产生的专利级别开始下降，但专利数量开始上升，同时经济收益快速上升。

10.2.3 第三阶段——成熟期

成长期大量技术和资源的投入，使得系统日趋完善，步入成熟期，性能水平达到了最高点，已经建立了相应的标准体系，伴随而来的是可观的经济效益。新系统所依据原理的发展潜力也基本被挖掘出来了，系统的发展速度开始变缓，只能通过大量低级别的发明或对系统进行优化来使系统性能得到有限的改进，再投入大量的人力物力也很难使系统的性能产生明显的提高。

10.2.4 第四阶段——衰退期

当现有系统处于第四阶段时，应用于该系统的技术已经发展到极限，很难取得进一步的突破。此时，先期投入的成本已经收回，相应的技术已经相当成熟。该技术系统可能不再有需求，因而面临市场的淘汰或将被新开发的技术系统所取代。在这个时期，新一代的系统已经发展到第二阶段，迫使处于第四阶段的现有系统退出市场，从而进入下一个循环。在这一阶段，系统呈现出的特性是：系统的发展基本停止；产生的专利无论在级别上还是在数量上都明显降低；经济收益下降。

10.2.5 S 曲线族

以上的四个阶段，是某一技术系统在发展过程中所遵循的基本规律。然而，某一技术系统步入衰退期，不代表其提供的功能也随之消失。在继承核心功能的情况下，新的技术系统得以开发，相比原系统有了质的飞跃，开始新一轮的发展。因此，实现某主要功能的技术系统的这种持续不断的更新过程就表现为多条首尾相接的 S 曲线，可称之为技术系统的 S 曲线族，如图 10-4 所示。

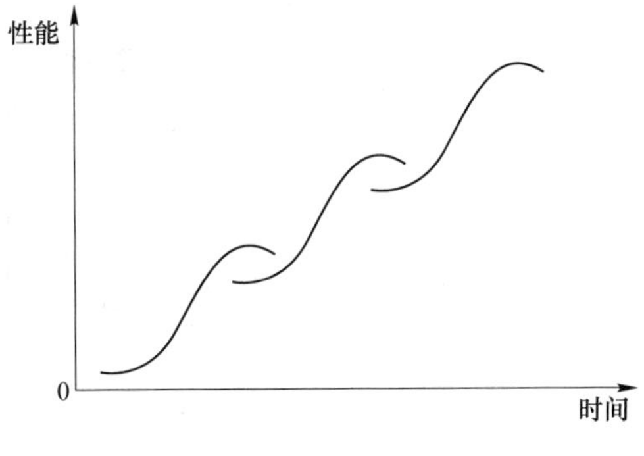

图 10-4 S 曲线族

如在 20 世纪 80 年代末，传呼机的出现满足了人们对通信的需求。几年时间随着技术的不断成熟和社会推广程度的加深，传呼机如雨后春笋般遍地开花（传呼机系统的成长期、成熟期），当时有通信需求的各类人士基本人手一部。从 1993 年开始，“大砖头”手机逐渐在市面出现，其重量较大，仅能实现通话功能，售价在当时非常昂贵，成为少数老板身份的象征，在普通民众中没有市场（手机系统的婴儿期）。然而，不到几年的时间，手机产品迅速步入成长期，传呼机业务在手机强大攻势下逐渐败下阵来，2000 年传呼机用户开始下滑，2005 年左右，传呼机淡出中国市场（传呼机系统的衰退期）。

然而，人们对即时通信的需求不可能消失，由手机替代传呼机来实现该功能。此时，手机行业正处于蒸蒸日上的成长期，摩托罗拉、诺基亚、爱立信等跨国公司势头强盛，如日中天。在国内也有波导、大显、金立等品牌有效参与各细分市场的竞争（传统手机系统的成熟期）。在传统手机逐步迈入衰退期时，接管市场的是现今我们熟悉的智能手机。智能手机在保留手机即时通信的核心功能之外，在操控性和功能扩展等方面做出了本质改进。从当年嘀嘀作响的摩托罗拉传呼机，到今日功能强大的智能手机，呈现在我们面前的正是技术系统不断进化的过程，也是解释 S 曲线族所代表内涵的最佳案例。

例 10-1 提高超细粉末成型率

采用 S-进化曲线分析。所谓的 S-曲线进化，是通过对问题的研究，确定最终要得到的具体技术指标，收集数据确定曲线，通过进化路径构造解决方案。一般来讲，一个产品的发展主要有婴儿期、成长期、成熟期及衰退期。在本例中，对于粉末的成型，根据参数确定 S-曲线上所处位置为成长期，未来技术将进化的方向是提高超细粉末制备抗冲腐蚀坩埚成型率，主要采用的改进参数是侧壁的最佳可靠性，反过来用成长期的主要进化趋势来寻找新方案。

方案 1：增加可移动组件的数量。

增加可移动组件的数量就是利用可以抽动的条状板代替原有的侧壁材料，并且将侧壁材料用均匀的条状板组成侧壁，这样在成型的过程中，这些板可以自由的上下移动，就能够有效地阻止粉末在光滑侧壁的滞留，减少粉末在侧壁的黏附，提高成型率。具体见图 10-5。

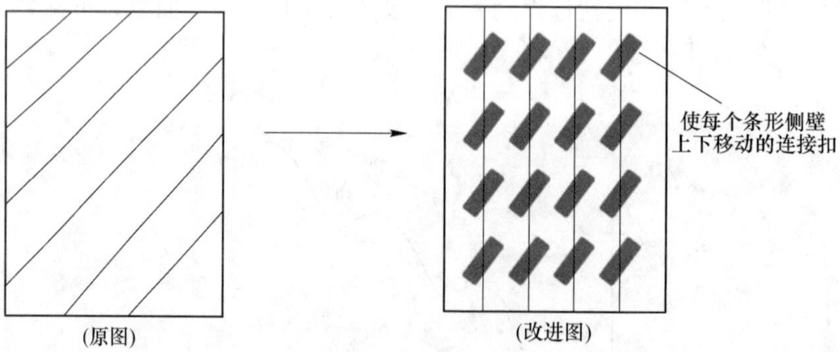

图 10-5 模具侧壁剖面图

方案 2：提高组件的自由度。

提高组件的自由度就是利用具有高强度记忆恢复的材质替代侧壁材料，使用柔韧度和可塑性强的记忆材质代替侧壁材料，在成型的过程中，随着粉末的运动而划伤光滑侧壁，在脱膜前静止一段时间后再脱膜，以便记忆合金有充分的时间恢复光滑。具体见图 10-6。

方案 3：简化。

简化就是向最大限度的进化。在成型的过程中，利用超高压气流成型，将侧壁完全去除，在侧壁所有部位通入高气压，气压值达到液压成型所需压力，并且气压喷嘴和侧壁垂直，使得气压能够给粉末垂直的定型压力。具体见图 10-7。

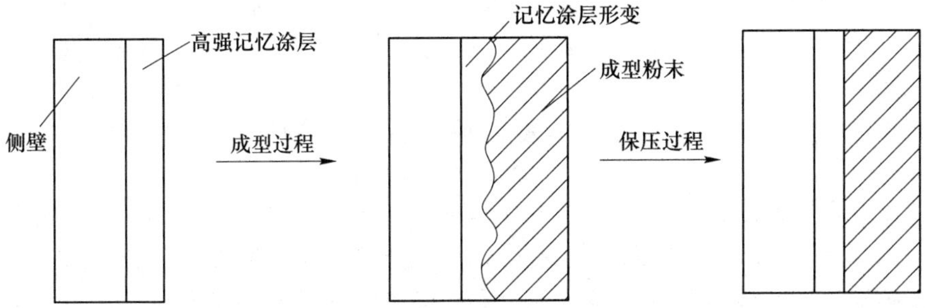

图 10-6 侧壁剖面图

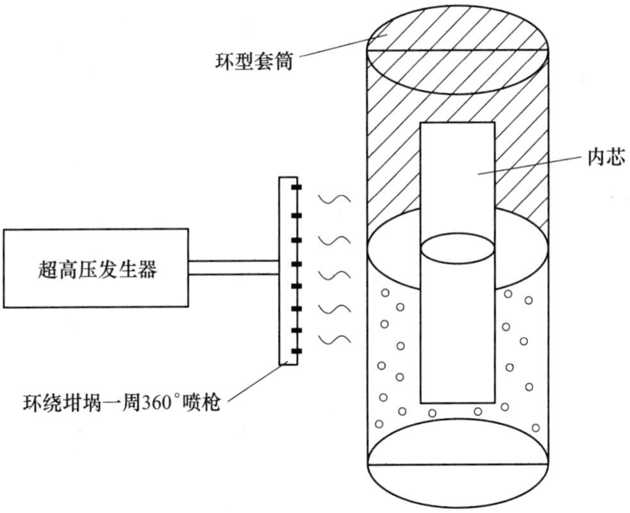

图 10-7 方案示意图

10.3 技术系统进化法则

S 曲线及 S 曲线族揭示了某一技术系统会经历从萌芽到消亡的进化过程，在消亡之后会有更高级别的系统取代其满足人们的需求，然而，仅仅谈论“成长”“成熟”的宏观概念是远远不够的，还需要知晓技术系统是如何成长的？有没有客观的规律可循？根据一个系统总结出的规律可否适用于另外的系统？

为了回答这些问题，阿奇舒勒搜集整理了大量发明专利，从中提炼出技术系统的一般发展轨迹，这也代表了技术系统的进化确实存在客观规律。进而，TRIZ 研究者提出了技术系统进化理论，将进化过程的客观规律用技术系统进化法则的形式进行具体论述，并在法则的指导下构建出技术系统进化趋势，预测出系统未来的发展方向。

经典的技术系统进化法则有八大法则，可分为生存法则和发展法则两大类。

所谓生存法则，就是一个技术系统必须同时满足这些法则的要求，才能“生存”，才能算是一个技术系统。生存法则共有 3 个：完备性法则、能量传递法则和协调性法则。

新的技术系统诞生以后，虽然它已经能够实现最基本的功能了，即能够“生存”了，但是，其各个方面的指标还很不理想。接下来，就会面临如何改善其可操作性、如何改善其可靠性、如何改善其效率等一系列问题。所谓发展法则，就是一个技术系统在其改善自身性能的发展过程中所遵循的一些基本法则。发展法则包括 5 个法则，即动态性进化法则、提高理想度法则、子系统不均衡进化法则、向超系统进化法则和向微观级进化法则。

10.3.1 完备性法则

技术系统要实现某项功能的必要条件是在整个技术系统中，一定要包含四个相互关联的基本子系统。四个基本子系统分别是动力装置、传输装置、执行装置和控制装置，如图 10-8 所示。整个系统需要从能量源接收能量，由动力装置将能量转换成技术系统需要的使用形式，传输装置将能量传输到执行装置，按照执行装置的特性进行调整，最终作用于对象（或称产品、工作对象或作用对象）上，即“能源—动力装置—传动装置—执行装置—产品”的工作路线。控制装置负责对整个技术系统进行控制，以协调其工作。为实现对系统的控制，它必须至少有一个部分是可控的。

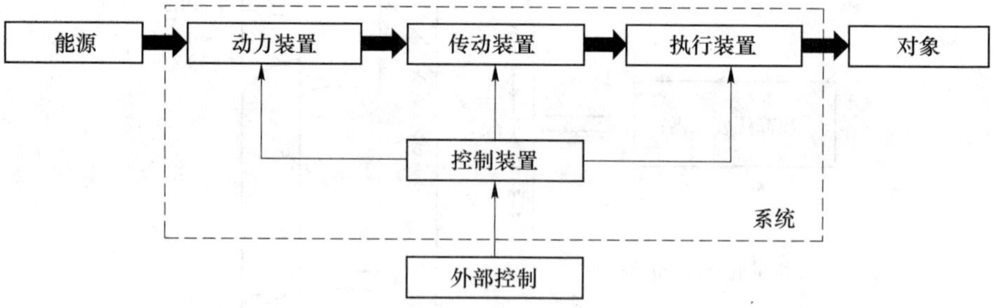

图 10-8　技术系统的结构

系统如果缺少其中的任一部件，都不能成为一个完整的技术系统，如果系统中的任一部件失效，将导致整个技术系统崩溃；技术系统存在的必要条件是基本子系统都存在，并具有最基本的工作能力。完备性法则有助于确定实现所需技术功能的方法并节约资源，利用它可以对效率低下的技术系统进行简化。

例 10-2　帆船系统

帆船的结构包括船体、帆（主帆、前帆、球帆）、桅杆、横杆、稳向板、舵等，还有缭绳、卸扣、斜拉器、滑轮等一些配件。

这里简化帆船系统进行分析，简化后系统组件包括风、船体、帆、桅杆、舵手、货物。

系统名称：帆船

系统作用对象：人或（人+物）

功能：运输人或物

按照完备性法则可以画出这个系统的结构，如图 10-9 所示。

10.3.2 能量传递法则

每个技术系统都是一个能量传递系统，技术系统实现功能的必要条件是能量必须能够从能量源流向技术系统中的所有子系统。为了实现技术系统某一部分的可控性，必须保证

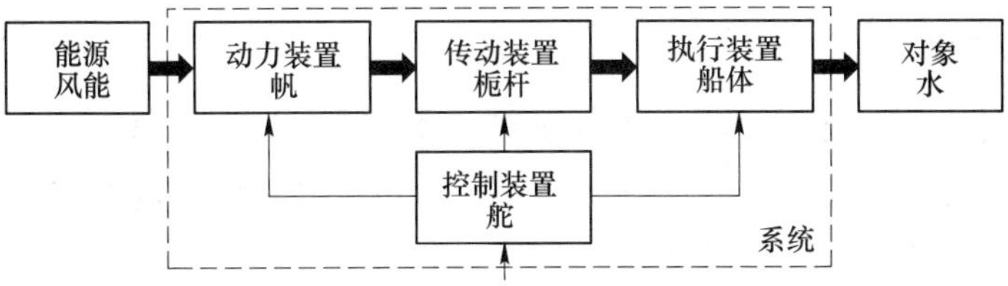

图 10-9 帆船工作系统的结构

该部分与控制装置之间的能量传递。

技术系统能量传递法则主要表现在以下两个方面：

（1）如果技术系统中某个元件接收不到能量，就不能发挥作用，这会影响到技术系统的整体功能。

例如多米诺骨牌中的能量传递，如图 10-10 所示，多米诺骨牌后一张骨牌从前一张骨牌获得能量并传递给下一张骨牌，如果中间的某张骨牌无法传递能量，这个骨牌系统中的骨牌则无法从第一张到最后一张逐一倾倒而展现令人赏心悦目的美妙场景。

图 10-10 多米诺骨牌中的能量传递

（2）技术系统应该沿着使能量流动路径缩短的方向进化，以减少能量损失。

减少能量损失有以下几个途径：缩短能量传递路径，减少传递过程中的损失；减少能量形式的转换，最好用一种能量形式贯穿系统的整个工作过程，从而减少能量在转换过程中的损失；用可控性好的能量形式代替可控性差的能量形式。

例如，火车车头最初采用蒸汽机、内燃机作为引擎，然而在将燃烧释放的热能转化为机械能的过程中有大量的能量损失，燃烧产生的废气也会带走大量无法回收利用的热量。现今最新的高速电气化铁路则采用电能，一方面电能的输出可以通过控制面板方便地操作，增强了能量的可控性；另一方面电机能量利用率远大于蒸汽机、内燃机，能量形式单一，损耗小。

10.3.3 协调性法则

系统中的各个子系统不是“独自”工作的，必须相互协调；良好的协调性是整个技术系统发挥其功能的必要条件。技术系统沿着各个子系统之间更协调的方向进化。这也是整个技术系统能发挥其功能的必要条件。

子系统间的协调性主要表现在：

（1）结构上的协调。例如，早期积木只能摞、搭；现代积木可自由组合、随意插合成不同的形状。

（2）各性能参数之间的协调。例如，网球拍需要考虑两个性能参数的协调，一方面要将球拍整体重量降低，以提高其灵活性；同时要增加球拍头部重量，以保证产生更大的挥拍力量。

（3）工作节奏/频率上的协调。例如，在生产流水线上，各个操作设备必须协调，只有这样才能相互配合，完成整个加工流程。

10.3.4 提高理想度法则

提高理想度法则是所有其他进化法则的基础，可以看作是技术系统进化的最基本法则，其他进化法则为本法则提供具体的实现方法。因此，提高理想度法则可以表述为以下两点：

（1）技术系统是沿着提高其理想度，即向理想系统的方向进化。

（2）提高理想度法则代表着其他所有技术系统进化法则的最终方向。

提高系统理想度有三个基本方向：

一是提高有益参数。例如，提高数码相机分辨率使其能拍摄出更大尺寸的照片；计算机的硬盘在几十年里其外形尺寸事实上没有太大改变，但容量却由百兆字节扩大到千亿兆字节。

二是降低有害参数。例如，早期电冰箱的制冷剂是氟利昂，后来发现氟利昂对臭氧层有严重的破坏作用，所以现代电冰箱均采用无氟制冷剂；普通计算器最初具有很大的外形尺寸并用市电供电，而后尺寸变得小了一些，利用小电池组供电，然后尺寸变得更小，用光电池供电，最后计算器的功能用手机便可实现。

三是提高有益参数的同时降低有害参数。大多数系统是按照这个方向以扇形发展的。例如，与盒式录音机相比，MP3 播放器的体积和能耗更小，但具有比盒式录音机更多的功能且可以存储更多的音频资料；再如，电话、电视机、计算机等。

想达到提高理想度的目标，在不影响系统主要功能的前提下，可以简化某些子系统、组件或操作，充分利用环境中或其他系统的资源，以及将一部分功能转移至超系统中，具体参见本章其余内容。

10.3.5 动态性进化法则

动态性进化法则指出：技术系统应该沿着结构柔性、可移动性、可控制性增加的方向进化，以适应环境状况或执行方式的变化，提高技术系统的高度适应性，指导人们以很小的代价，获得高通用性、高适应性、高可控性的技术系统。

（1）提高技术系统柔性的进化过程，即技术系统从刚性体逐渐进化到单铰链、多铰链、柔性体、液体/气体，最后进化到场的状态，见图 10-11。

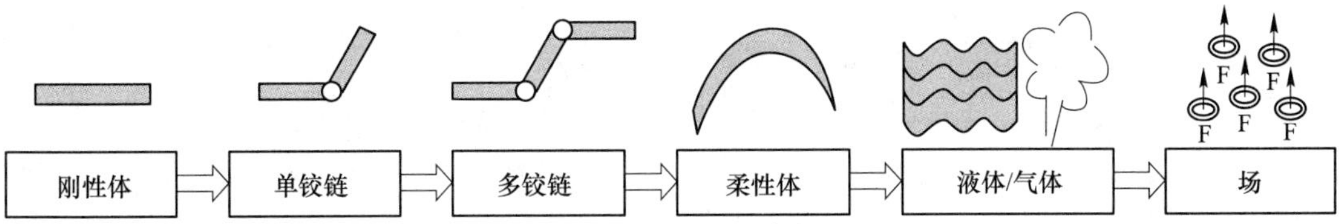

图 10-11　技术系统的柔性进化过程

例如切割工具的进化过程，如图 10-12 所示。

刚性体　　单铰链　　线切割　　水切割　　激光切割

图 10-12　切割工具的进化过程

（2）技术系统应该沿着系统整体可移动性增强的方向进化。可移动性进化路线：不可动→部分可动→高度可动→整体可动。

例如电话的进化是这样的：固定电话→子母机→手机。

（3）技术系统应该沿着系统整体可控制性增强的方向进化。可控制性进化路线是：直接控制→间接控制→反馈控制→自动控制。

例如路灯的进化过程是：分别开闭→总控开闭→自动感应开闭→自动感应开闭并自调节亮度。

10.3.6　子系统不均衡进化法则

任何技术系统所包含的各个子系统都不是同步、均衡进化的，每个子系统都是沿着自己的 S 曲线发展；这种不均衡的进化常常导致子系统之间出现矛盾；整个技术系统的进化速度取决于系统中最“慢”的那个子系统的进化速度；需要考虑系统的持续改进来消除矛盾。

子系统不均衡进化法则可以帮助设计者及时发现技术系统中不理想的子系统，并对其改进或以较先进的子系统替代这些不理想的子系统，从而促进整个系统的进化。

例如，在 19 世纪中期，自行车还没有链传动系统，脚蹬直接安装在前轮轴上，此时自行车的速度与前轮直径成正比。为了提高速度，人们一味地增加前轮直径，结果造成前后轮直径相差太大，导致自行车在行进中稳定性很差。后来人们开始研究自行车的传动系统，在自行车上装上了链条和链轮，用后轮的转动推动车子前进，且前后轮大小相同，自行车前进平衡、稳定，见图 10-13。

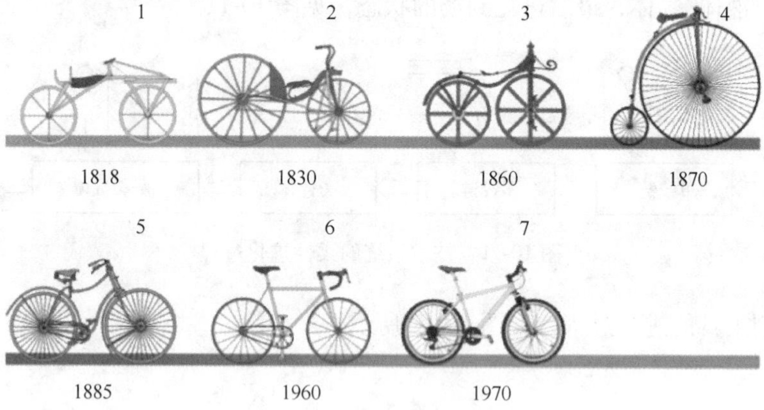

图 10-13 自行车的进化

10. 3. 7 向微观级进化法则

技术系统是沿着减小其元件尺寸的方向进化的。技术系统由宏观系统向微观系统转化，转化过程中，利用越来越高级别的物质和场，以获得更高的性能或控制。

例如，计算机的进化过程。从最初电子管计算机 ENIAC，到后来的晶体管计算机，以及集成电路、大规模集成电路的应用，计算机的尺寸逐步减小，与此同时功能却愈发完善和丰富，如图 10-14 所示。

电子管计算机　　晶体管计算机　　大规模集成电路计算机

图 10-14 计算机进化过程

最初，技术系统是在宏观级别上进化的，当资源耗尽时，就开始在微观级别上进化。进化路径有以下几种：

（1）提高物质的可分性和分散物质的组合性，如：实心物体→针状和纤维状物体→粉末→复合分子→分子、离子→原子、粒子。

（2）提高混合物质（空隙+物质）的可分性，运用毛细现象和多孔材料。实心物体→

中空的均质体→多孔的材料→毛细管-多孔材料→带填充物的毛细管材料→沸石和胶质材料。

（3）用场代替物质，向“场+物质”或场转变。刚体→单铰接→多铰接→液体→气体→场。

10.3.8 向超系统进化法则

向超系统进化法则的基本内容是：技术系统内部进化资源的有限性，要求技术系统的进化应该沿着与超系统中的资源相结合的方向发展。技术系统与超系统结合后，原来的技术系统将作为超系统的一个子系统。

向超系统进化有以下两种形式：

（1）技术系统沿着“单系统→双系统→多系统”的路线进化。将原有的技术系统与另外的一个或多个技术系统进行结合，形成一个新的、更复杂的技术系统。原来的技术系统可以看作新技术系统的一个子系统，而新的技术系统就是原有技术系统的超系统。

例如，铅笔在纸上留下字迹，当写错时橡皮可以擦除铅笔的痕迹。铅笔和橡皮是相反的系统，这两个系统联合成带橡皮头的铅笔，为人们提供方便。

又如，瑞士军刀由刀、剪子、钳子、瓶起子、小锯等系统联合在一起，系统具备每个子系统的功能。

（2）当技术系统进化到极限的时候，系统中实现某项功能的子系统会从系统中被剥离出来，转移到超系统中，成为超系统的一部分。在该子系统的功能得到增强的同时，也简化了原有的技术系统。

例如，空中加油机（见图 10-15）长距离飞行时，飞机需要携带大量的燃油，最初是通过携带副油箱的方式得以实现的，此时副油箱被看作飞机的一个子系统。通过进化，将副燃油箱从飞机中分离出来，转移至超系统，以空中加油机的形式给飞机加油。此时，一方面，由于飞机不需要携带副油箱，使得飞机的飞行重量降低，系统得以简化；另一方面，加油机可以携带比副油箱多得多的燃油，大大提高了为飞机补充燃油的能力。

图 10-15　燃油箱分离到超系统内进行空中加油

思 考 题

10-1 S曲线有哪几个阶段？
10-2 处于S曲线的“成长期”的技术系统有哪些主要特征？
10-3 处于S曲线的“成熟期”的技术系统有哪些主要特征？
10-4 技术系统处于S曲线的“衰退期”的原因是什么？
10-5 “完备性法则”提出技术系统必不可少的四个子系统分别是什么？
10-6 要提高系统的能量传递效率，有哪些有效的途径和方法呢？
10-7 结合生活，举出符合“提高柔性”进化路线的1~2个实例。
10-8 结合生活，举出符合“提高可控性”进化路线的1~2个实例。
10-9 为什么说提高理想度进化法则是其他所有进化法则的基础？
10-10 举出身边符合向微观级进化趋势的1~2个实例。

参考文献

[1] 张简一，郭艳玲，杨树财，等．基于 TRIZ 理论的产品创新设计［J］．机械设计，2009，26（2）：35-38.

[2] 丁俊武，韩玉启，郑称德．创新问题解决理论——TRIZ 研究综述［J］．科学学与科学技术管理，2004（11）：53-60.

[3] CENRICH A. Creativity As An Exact Science［M］. New York：Gordon and Breach，1988.

[4] 牛占文，徐燕申，林岳，等．发明创造的科学方法论——TRIZ［J］．中国机械工程，1999（1）：92-97，7.

[5] 孙峰华，王亮申，顾九春．TRIZ 研究的历史现状及前瞻［J］．鲁东大学学报（自然科学版），2010，26（1）：79-86，91.

[6] 韦子辉，阎会强，檀润华．TRIZ 理论中 ARIZ 算法研究与应用［J］．机械设计，2008（4）：57-61.

[7] 彭慧娟，成思源，李苏洋，等．TRIZ 的理论体系研究综述［J］．机械设计与制造，2013（10）：270-272.

[8] 张志远，何川，张珣．TRIZ 理论研究综述［J］．重庆工商大学学报（自然科学版），2004（1）：100-104.

[9] 檀润华，王庆禹，苑彩云，等．发明问题解决理论：TRIZ——TRIZ 过程、工具及发展趋势［J］．机械设计，2001（7）：7-12，53.

[10] 林岳，谭培波，史晓凌，等．以 DAOV 构建可持续的技术创新体系［J］．工业设计，2012（7）：41-43.

[11] 孙永伟．TRIZ——打开创新之门的金钥匙（六）［J］．家电科技，2013（9）：32-33.

[12] 孙继德．建设项目的价值工程［M］．北京：中国建筑工业出版社，2014.

[13] 檀润华，张青华，纪纯．TRIZ 中技术进化定律、进化路线及应用［J］．工业工程与管理，2003（1）：34-36.

[14] 檀润华．创新方法教程（高级）［M］．北京：高等教育出版社，2012.

[15] 黄旭刚，万鹏，韩博．TRIZ 理论中裁剪和物场模型联用策略研究［J］．科技创业月刊，2016，29（22）：153-156.

[16] 冉社．论中国眼镜行业的现状和发展策略［J］．中国市场，2009（31）：14-15.

[17] 刘扬．从微观经济学角度分析国内隐形眼镜市场［J］．全国商情（理论研究），2011（12）：49-50.

[18] 蒋弘俊．“一马失社稷”的启示［N］．人民武警报，2015-12-13（001）.

[19] CHANC Y W，HUANC F. Arts and Technology［M］. Springer Berlin Heidelberg，2010.

[20] 陈春花．将问题视作资源［J］．企业管理，2015（2）：99.

[21] 魏选平，卞树檀．故障树分析法及其应用［J］．电子产品可靠性与环境试验，2004（3）：43-45.

[22] 王广彦，马志军，胡起伟．基于贝叶斯网络的故障树分析［J］．系统工程理论与实践，2004（6）：78-83.

[23] ROUCHTON J，CRUTCHFIELD N Breaking the Job Down into Individual Components［M］. Elsevier，2016.

[24] 王国平，阎力．头脑风暴法研究的现状和展望［J］．绥化学院学报，2006（3）：173-175.

[25] 陈超．基于 FMEA 和 BFA 的产品失效分析方法的研究［D］．上海：东华大学，2011.

[26] 黄健宇．论 FMEA 的分析与应用［J］．机械工业标准化与质量，2007（4）：37-41.

[27] 李彦，李文强．创新设计方法［M］．北京：科学出版社，2013.

[28] 周苏，杨大鹏．技术创新方法［M］．北京：中国铁道出版社，2018.

[29] 根里奇·斯拉维奇·阿奇舒勒．创新算法——TRIZ、系统创新和技术创造力［M］．谭培波，茹海燕，译．武汉：华中科技大学出版社，2008.

[30] 林岳，齐二石，李彦．创新方法教程（初级）［M］．北京：高等教育出版社，2012.
[31] 创新方法研究会，中国21世纪议程管理中心．创新方法教程（中级）［M］．北京：高等教育出版社，2012.
[32] 姚威，韩旭，储昭卫．TRIZ理论与实战精要［M］．北京：清华大学出版社，2019.
[33] 周苏．创新思维与方法［M］．北京：机械工业出版社，2016.
[34] 潘承怡，姜金刚，张简一，等．TRIZ理论与创新设计方法［M］．北京：清华大学出版社，2015.
[35] 曹福全．创新方法与思维概论——TRIZ理论与应用［M］．哈尔滨：黑龙江教育出版社，2009.
[36] 王子平，冯百侠，徐静珍．资源论［M］．石家庄：河北科学技术出版社，2001.
[37] 李文强．创新设计方法［M］．北京：科学出版社，2013.
[38] 周苏．技术创新方法［M］．北京：中国铁道出版社，2018.
[39] 林岳．技术创新实施方法论DAOV［M］．北京：中国科学技术出版社，2009：212-224.
[40] 周苏．创新思维与TRIZ创新方法［M］．北京：清华大学出版社，2018.
[41] 创新方法研究会．创新方法教程（初级）［M］．北京：高等教育出版社，2012.
[42] 王传友．TRIZ新编创新40法及技术矛盾与物理矛盾［M］．西安：西北工业大学出版社，2010.
[43] 沈萌红．TRIZ理论及机械创新实践［M］．北京：机械工业出版社，2012.
[44] SAVRANSKY S D. Engineering of Creativity：Introduction to TRIZ Methodology of Inventive Problem Solving［M］. Boca Raton：CRC Press，2000.
[45] RANTANEN K，DOMB E. Simplified TRIZ：New Problem Solving Applications for Engineers and Manufacturing Professionals［M］. Boca Raton：CRC St. Lucie Press，2002.
[46] 阿奇舒勒．创造是精确的科学［M］．魏相，涂明泽，译．广州：广东人民出版社，1987.
[47] 王亮中，孙峰华．TRIZ创新理论与应用原理［M］．北京：科学出版社，2010.
[48] 阿奇舒勒．创造是一门精密的科学［M］．吴光威，刘树兰，译．北京：北京航空航天大学出版社，1990.
[49] 赵新军．技术创新理论（TRIZ）及应用［M］．北京：化学工业出版社，2004.
[50] 创新方法研究会．创新方法教程（高级）［M］．北京：高等教育出版社，2012.
[51] 赵敏．TRIZ入门及实践［M］．北京：科学出版社，2009.
[52] 陈光．创新思维与方法——TRIZ理论与应用［M］．北京：科学出版社，2011.
[53] 北京亿维讯科技有限公司．TRIZ简明教程［M］．2008.
[54] TERNINKO J，DOMB E，MILLER J. The Seventy-six Standard Solutions，with Examples［M］. 2009.
[55] 杨清亮．发明是这样诞生的——TRIZ理论全接触［M］．北京：机械工业出版社，2001.
[56] 王昌，魏闯．ARIZ算法在注塑模具设计冲突问题中的应用研究［J］．机械设计与制造，2009（9）：230-232.
[57] 黄鑫云．基于TRIZ理论的验光仪瞳距测量系统改进设计［J］．机械制造与研究，2011，40（2）：57-59.